BestMasters

Mit „BestMasters" zeichnet Springer die besten Masterarbeiten aus, die an renommierten Hochschulen in Deutschland, Österreich und der Schweiz entstanden sind. Die mit Höchstnote ausgezeichneten Arbeiten wurden durch Gutachter zur Veröffentlichung empfohlen und behandeln aktuelle Themen aus unterschiedlichen Fachgebieten der Naturwissenschaften, Psychologie, Technik und Wirtschaftswissenschaften.

Die Reihe wendet sich an Praktiker und Wissenschaftler gleichermaßen und soll insbesondere auch Nachwuchswissenschaftlern Orientierung geben.

Jonas Pohl

Allgemeine Relativitätstheorie und Gravitationswellen

Eine Einführung für Lehramtsstudierende

 Springer Spektrum

Jonas Pohl
Bochum, Deutschland

Masterarbeit, Johannes Gutenberg Universität Mainz, 2016

OnlinePlus Material zu diesem Buch finden Sie auf
http://www.springer.com/978-3-658-17125-4

BestMasters
ISBN 978-3-658-17124-7   ISBN 978-3-658-17125-4   (eBook)
DOI 10.1007/978-3-658-17125-4

Die Deutsche Nationalbibliothek verzeichnet diese Publikation in der Deutschen National-
bibliografie; detaillierte bibliografische Daten sind im Internet über http://dnb.d-nb.de abrufbar.

Gedruckt auf säurefreiem und chlorfrei gebleichtem Papier

Springer Spektrum ist Teil von Springer Nature
Die eingetragene Gesellschaft ist Springer Fachmedien Wiesbaden GmbH
Die Anschrift der Gesellschaft ist: Abraham-Lincoln-Str. 46, 65189 Wiesbaden, Germany

Danksagung

An dieser Stelle möchte ich all jenen danken, die mich im Rahmen dieser Masterarbeit begleitet haben.

Ganz besonders möchte ich Herrn Prof. Scherer danken, der meine Arbeit durch seine fachliche und persönliche Unterstützung begleitet hat. Dies beginnt mit der Einführung in die theoretische Physik durch seine Vorlesungen, die mein Interesse und meine Freude an der theoretischen Physik entwickelt haben und schließt bei den produktiven Besprechungen mit kompetenter Beratung in der Erarbeitungsphase dieser Arbeit.

In diesem Zusammenhang möchte ich auch Mark Popenco danken. Der permanente gegenseitige Austausch während der langen Bearbeitungszeit förderte ein tieferes Verständnis der Theorie.

Danken möchte ich außerdem meinen Kommilitonen Marc, Julian und Daniel durch deren Anregungen meine Arbeit kontinuierlich verbessert wurde und außerdem die Studiumzeit zu einer unvergessenen Zeit werden ließ.

Bochum im November 2016

Inhaltsverzeichnis

1 Einleitung

Die Sensation ist perfekt als David Reitze, der Leiter des Laser Interferometer Gravitational-Wave Observatory (LIGO), im Februar 2016 verkündet: "We have detected gravitational waves. We did it." Mit dieser Entdeckung ist ein weiterer Nachweis von Einsteins Gravitationstheorie erbracht. Einstein hat die Theorie der Gravitationswellen entwickelt, aber selbst nie geglaubt, dass es je möglich sein könnte diese Wellen zu detektieren. Die Allgemeine Relativitätstheorie (kurz: ART) ist von Albert Einstein vor 101 Jahren im November 1915 vorgestellt worden. Im Education Studiengang kommt ein Physikstudent leider nur wenig in Kontakt mit der berühmten Theorie. Diese Masterarbeit soll eine Einführung in die Gravitationstheorie von Albert Einstein liefern.

Die Gravitation ist eine der vier fundamentalen Wechselwirkungen der Physik. Innerhalb der fundamentalen Wechselwirkungen kommt der Gravitation eine Sonderstellung zu. Sie ist diejenige der vier, die noch nicht mit den anderen drei vereinheitlicht werden konnte. Schon Einstein wollte die zu seinen Lebzeiten nicht vereinheitlichten Theorien in Einklang bringen. Er schreibt 1949 [PAI 09, S. 473]: "Unsere Aufgabe ist es, die Feldgleichungen für das totale Feld zu finden."

Im Standardmodell der Elementarteilchenphysik sind die starke, die schwache und die elektromagnetische Wechselwirkung einheitlich beschrieben. Das Standardmodell der Elementarteilchen ist eine Quantenfeldtheorie. Für die Allgemeine Relativitätstheorie ist es bisher nicht gelungen eine vollständige Quantentheorie zu formulieren. Ein Problem stellt dabei die Nicht-Linearität der Feldgleichungen dar. Die Feldgleichungen werden im Rahmen dieser Arbeit ausführlich diskutiert. Die Vereinheitlichung der vier fundamentalen Wechselwirkungen stellt eine Hauptaufgabe der aktuellen theoretischen Physik dar [ELL 15, Vorwort]. Die Allgemeine Relativitätstheorie wird auch auf Grund einer anderen Tatsache als einer der "Eckpfeiler" der Physik angesehen [HEL 06, Vorwort]. Die Gravitationstheorie ist im Teilgebiet der Kosmologie von zentraler Bedeutung. So basiert die Beschreibung des expandierenden Universums auf den Einstein'schen Feldgleichungen.

Das 20. Jahrhundert ist in der Physik neben der Allgemeinen Relativitätstheorie von der Quantentheorie geprägt. Die quantisierte Theorie wurde über einen langen Zeitraum von vielen verschiedenen Wissenschaftler formuliert. Die Allgemeine Relativitätstheorie zeichnet sich im Gegensatz dazu auch dadurch aus, dass sie im Wesentlichen durch eine Person allein aufgestellt wurde. Natürlich haben sich auch andere Physiker als Albert Einstein mit der Gravitation auseinandergesetzt.[1] Auch hat Einstein Hilfe bei der mathematischen Beschreibung gehabt. So führt Großmann ihn ab 1912 in die Differentialgeometrie ein.

In einer Nachrichtensendung am 11. Februar 2016, dem Tag an dem der erste Nachweis einer Gravitationswelle verkündet wurde, sagt der

---

[1] An dieser Stelle sollten Hermann Minkowski und David Hilbert genannt werden [SCHR 11, Kap. 2].

Nachrichtensprecher zum Thema der Allgemeinen Relativitätstheorie und Gravitationswellen: "Das kann man als normaler Mensch nicht verstehen, das kann man höchtens ahnen."

Der Anspruch dieser Masterarbeit ist es nicht, dass jeder, vom Nachrichtensprecher als "normaler Mensch" Bezeichneter, Einsteins Theorie durch Lesen dieser Arbeit versteht. Vielmehr sind als Zielgruppe Lehramtsstudenten und Lehrer, die bereits Kenntnisse in den Methoden der Physik und Mathematik haben, vorgesehen. So wird vorausgesetzt, dass sich der Leser mit der Speziellen Relativitätstheorie bereits beschäftigt hat. Dennoch werden die wichtigsten Erkenntnisse zum Einstieg in das Themengebiet wiederholt. Eine weitere Grundlage ist die Mechanik der theoretischen Physik.[2] Außerdem setzen wir die mathematischen Kenntnisse, die im Rahmen des Physik-Education-Studiums erworben werden, voraus und werden sie nicht explizit erläutern. Allerdings sind an den entsprechenden Stellen Verweise zum Nachlesen der nicht wiederholten Inhalte angegeben.

Der Leser soll einen Einblick in die 100 Jahre der Relativitätstheorie erhalten. Dabei wird der Bogen von der Speziellen Relativitätstheorie im Jahr 1905 bis zum direktem Nachweis von Gravitationswellen 2015 gespannt. Die Geschichte der Gravitationstheorie fängt noch früher an. Die Arbeit beginnt mit einer Betrachtung der Newton'schen Gravitationstheorie, auf der auch die Argumentation Einsteins fußt. Nachdem anschließend die für die Argumentation nötigen Erkenntnisse der Speziellen Relativitätstheorie wiederholt wurden, wird der Übergang zur Allgemeinen Relativitätstheorie geschaffen.

---

[2] Als Beispiele, die dem Leser bekannt sein sollten, seien der Lagrange-Formalismus oder das klassische Kepler-Problem genannt.

Über erste naive Versuche der Verallgemeinerung der Newton'schen Theorie und das Äquivalenzprinzip gelangt die Diskussion zur gekrümmten Raum-Zeit.

Damit physikalische Gesetze in der gekrümmten Raum-Zeit beschrieben werden und schließlich die berühmten Feldgleichungen aufgestellt werden können, muss zunächst der mathematische Rahmen des Riemann'schen Raumes diskutiert werden. In Hinblick auf die Zielgruppe dieser Arbeit wird auf die Darstellung in differentialgeometrischen Objekten verzichtet.[3] Eine Diskussion der Diffentialgeometrie geht über den Umfang dieser Arbeit hinaus.

Sind die mathematischen Voraussetzungen geschaffen, wird auf die Einstein'schen Feldgleichungen eingegangen. Konkret werden die eingeführten Objekte mit der Schwarzschild-Lösung in einer vorgegebenen Geometrie bestimmt. Mithilfe dieser exakten Lösung der Feldgleichungen folgt dann die Diskussion der Tests der Allgemeinen Relativitätstheorie. Es werden die drei klassischen Phänomene der Rotverschiebung, der Lichtablenkung und der Periheldrehung des Merkurs thematisiert.

Im letzten Kapitel stehen dann Gravitationswellen im Mittelpunkt der Diskussion. Nachdem die Beschreibung ebener Wellen und deren Effekte auf Materieteilchen dargestellt wurde, schließt die Arbeit mit der Entdeckung der Gravitationswellen im Jahr 2016.

---

[3] Es wird darauf verzichtet, obwohl diese Darstellungsweise in modernen Diskussionen üblich ist.

Die mathematische Darstellung und Argumentationsweise ist hauptsächlich an den Lehrbüchern von Fließbach [FLI 12a], Ryder [RYD 09] und Schröder [SCHR 11] orientiert. Des Weiteren sind die Standardwerke dieses Themengebietes zu nennen. Dazu zählen die Lehrbücher von Misner, Thorne und Wheeler [MTW 73][4] und Weinberg [WEI 72].

---

[4] Pais berichtet in [PAI 09, Kap. 15], dass dieses Lehrbuch aufgrund seines Umfangs und der Vielzahl an Seiten auch "Das Telefonbuch" genannt wird.

2 Die Newton'sche Gravitationstheorie

Von welchem Ausgangspunkt wollen wir Einsteins Gravitationstheorie kennenlernen? Wir rekapitulieren zu Beginn die Beschreibung der Gravitation nach Newton. Vektoren im $\mathbb{R}^3$ machen wir durch Fettdruck kenntlich.

Auf eine Masse m, die sich im Abstand $\mathbf{r}$ von einer anderen Masse M befindet, wirkt, nach dem Newton'schen Gravitationsgesetz, die Kraft

$$\mathbf{F} = -\frac{MmG}{r^3}\,\mathbf{r}. \tag{2.1}$$

Erweitern wir die Betrachtung auf N Massen, die über die Gravitation wechselwirken und verwenden das zweite Newton'sche Gesetz der Mechanik $\mathbf{F} = m \cdot \mathbf{a}$, so erhalten wir die Bewegungsgleichung:

$$m_i\frac{d^2\mathbf{r}_i}{dt^2} = -G \sum_{j=1, j\neq i}^{N} \frac{m_i m_j(\mathbf{r}_i - \mathbf{r}_j)}{|\mathbf{r}_i - \mathbf{r}_j|^3}, \quad i = 1,\ldots,N. \tag{2.2}$$

Diese Gesetze ((2.1) und (2.2)) bilden eine sehr erfolgreiche Theorie. So lassen sich beispielsweise Planetenbahnen durch diese Theorie beschreiben.[1] Aber auch Phänomene auf anderen Größenordnungen wie die Bahnkurven von waagerechten oder schrägen Würfen lassen sich mit der Newton'schen Theorie hinreichend gut beschreiben.

---

[1] Eine umfangreiche Darstellung der Kepler'schen Gesetze findet sich in [NOL 13a, Kap. 2.5].

Wollen wir nun die Aussage der Newton'schen Theorie verallgemeinern, ist es ratsam eine weitere Größe einzuführen. Analog zum Elektromagnetismus stellen wir eine Feldstärke auf. Die Gravitationsfeldstärke $\mathbf{g}$ beschreibt ein Gravitationsfeld, so wie die elektrische Feldsträrke $\mathbf{E}$ ein elektrisches Feld beschreibt:

$$\mathbf{g} = \frac{\mathbf{F}}{m} \overset{(2.1)}{=} -\frac{GM}{r^2}\,\hat{\mathbf{r}}. \tag{2.3}$$

Im Elektromagnetismus wird die elektrische Feldstärke $\mathbf{E}$ durch ein Potential ausgedrückt. Auch in der Gravitationstheorie lässt sich $\mathbf{g}$ durch den Gradienten eines Skalarfeldes ausdrücken. Dazu führen wir das Gravitationspotential $\Phi(\mathbf{r})$ ein:[2]

$$\mathbf{g} = -\nabla\Phi(\mathbf{r}) \quad \Rightarrow \quad \Phi(\mathbf{r}) := -\frac{GM}{|\mathbf{r}|}. \tag{2.4}$$

Betrachten wir mehrere Massen, die das Feld erzeugen oder eine kontinuierliche Verteilung, so formulieren wir:

$$\Phi(\mathbf{r}) = -G\sum_j \frac{m_j}{|\mathbf{r}-\mathbf{r}_j|} = -G\int d^3r'\,\frac{\rho(\mathbf{r}')}{|\mathbf{r}-\mathbf{r}'|}. \tag{2.5}$$

Nun können wir die Bewegungsgleichung (2.2) für eine Masse m am Ort $\mathbf{r}$ durch das Potential ausdrücken:

$$m\frac{d^2\mathbf{r}}{dt^2} = -m\nabla\Phi(\mathbf{r}). \tag{2.6}$$

Wir folgen weiter der Argumentation in der Elektrostatik und stel-

---

[2] Wir normieren das Gravitationspotential Φ dergestalt, dass es für $r \to \infty$ verschwindet.

len nun Feldgleichungen auf. Feldgleichungen sind Differentialgleichungen der Potentiale [FLI 12a, Kap. 1]. Wir bestimmen dazu:

$$\triangle\Phi(\mathbf{r}) = \nabla \cdot (\nabla\Phi(\mathbf{r})). \tag{2.7}$$

In der Elektrostatik ist die elektrische Ladung q die Quelle des Feldes. Durch die Analogiebetrachtung muss also nach Gleichung (2.3) die Masse als Proportionalitätsfaktor zwischen Feld und Kraft die Quelle sein. In der Newton'schen Theorie betrachten wir demnach Massenverteilungen, bzw. bei kontinuierlichen Verteilungen die Massendichte $\rho(\mathbf{r})$, als Quelle des Feldes. Wir stellen zwei Feldgleichungen auf. Im ersten Fall betrachten wir ein Vakuum, also ohne die Anwesenheit von Masse.[3] Ist keine Masse vorhanden, tritt auch kein Gravitationsfeld auf. Diese Feldgleichung wird in diesem Fall Laplace-Gleichung genannt:

$$\triangle\Phi(\mathbf{r}) = 0. \tag{2.8}$$

Ist eine Masse vorhanden, müssen wir zur Bestimmung der Poisson-Gleichung, wie die Feldgleichung dann genannt wird, die Definition

---

[3] Die Laplace-Gleichung gilt, allgemeiner formuliert, in Raumgebieten, in denen sich keine Masse befindet. Betrachten wir beispielsweise nur die Erde als Masse im Universum, so gilt außerhalb der Erde die Laplace-Gleichung. Auch wenn hier offensichtlich kein Vakuum vorliegt.

unseres Potentials (2.5) einsetzen:[4]

$$\triangle \Phi(\mathbf{r}) = \triangle \left(-G \int d^3 r' \frac{\rho(r')}{|\mathbf{r} - \mathbf{r}'|} \right)$$

$$= -G \left(\int d^3 r' \rho(\mathbf{r}') \triangle \frac{1}{|\mathbf{r} - \mathbf{r}'|} \right)$$

$$= -G \int d^3 r' \rho(\mathbf{r}') \{ -4\pi \delta(\mathbf{x} - \mathbf{x}') \}$$

$$= 4\pi G \rho(\mathbf{r}). \tag{2.9}$$

Der Ausdruck in der geschweiften Klammer wurde mit einer Berechnung aus [SCHE 10, Kap.5.1.7] aufgelöst. Im Anhang B.2.2 dieser Arbeit kann die Schlussfolgerung nachvollzogen werden.

Im Abschnitt 4.1 werden wir erkennen, dass die nun präsentierte Theorie der Gravitation mit den Feldgleichungen (2.8) und (2.9) nicht mit der Speziellen Relativitätstheorie (kurz: SRT) vereinbar ist. Nach der Formulierung der SRT besteht also die Notwendigkeit einer neuen Theorie der Gravitation. Auf Basis dessen vollziehen wir dann Einsteins Allgemeine Relativitätstheorie nach. Zunächst rekapitulieren wir allerdings einige wichtige Erkenntnisse der Speziellen Relativitätstheorie.

---

[4] Die analoge Betrachtung in der Elektrostatik ist im Vorlesungskript [SCHE 10, Kap. 5.1.7] oder im Lehrbuch von Fließbach [FLI 12b, Kap. 6] nachzulesen.

3 Die Spezielle Relativitätstheorie

1905 hat Albert Einstein die Spezielle Relativitätstheorie in der Veröffentlichung "Zur Elektrodynamik bewegter Körper" präsentiert [EIN 05]. Die physikalische Grundlage stammt von H.A. Lorentz. Nach ihm ist die Lorentz-Transformation benannt. Die mathematische Struktur basiert auf den Arbeiten von Poincaré [SCHR 11, Kap. 1].[1] Es ist also festzuhalten, dass die SRT im Gegensatz zur Allgemeinen Relativitätstheorie nicht das Werk von Einstein allein ist, sondern vielmehr von verschiedenen Wissenschaftlern entwickelt wurde.

In dieser Arbeit wird vorausgesetzt, dass sich der Leser bereits mit der Speziellen Relativitätstheorie auseinandergesetzt hat. Die wichtigsten Erkenntnisse können in den Lehrbüchern von Schröder [SCHR 14] und Gönner [GOE 96, Kap. 1-4] nachgelesen werden. Es wird sich in dieser Arbeit auf Transformationen und Tensorrechnung im Minkowski-Raum beschränkt. Dabei sind nur die wichtigsten Erkenntnisse und Argumentationsschritte präsentiert. Zudem sind nicht alle Zwischenschritte und Herleitungen angegeben, da der Leser bereits mit dem Thema vertraut ist. Es wird kein Anspruch auf Vollständigkeit erhoben, da dieses Kapitel hauptsächlich

---

[1] Zur historischen Entwicklung der SRT sei dem Leser [SCHR 14, Kap. 2] empfohlen.

zur Einführung der auch für die Allgemeine Relativitätstheorie rele-
vanten Begriffe dient. Ebenfalls wird der Leser an einem vertrauten
Inhalt in die Notation der Arbeit eingeführt. Aufbauend auf dieser
Argumentation soll dann ein verständlicher Weg zur Allgemeinen Relativitätstheorie gefunden werden.

3.1 Die Galilei-Transformation

Stellen wir uns einen fahrenden Zug vor, der sich mit konstanter Geschwindigkeit fortbewegt. In dem Zug springe ein Mann auf und ab.
Dieser Vorgang sieht für einen Beobachter, der im Zug sitzt, anders
aus als für einen Beobachter, der neben der Strecke außerhalb des
Zuges steht.[2]

Aus dieser Überlegung erkennen wir, dass zur Beschreibung eines physikalischen Vorgangs ein Bezugssystem, in dem der Vorgang
stattfindet, angegeben werden muss. Die Bewegung der Person ist
abhängig vom Beobachter. Bezugssysteme, die relativ zum Fixsternhimmel ruhen oder sich mit konstanter Geschwindigkeit relativ zum
Fixsternhimmel bewegen, nennen wir Inertialsysteme (kurz: IS).[3]

Diese Bezeichnung war schon vor dem Beginn des 20. Jahrhunderts
bekannt. Ausgangspunkt ist das Relativitätsprinzip von Galileo Galilei:[4]

---

[2] Das Relativitätsprinzip wurde von Galilei aufgestellt. In [BK 09, Kap. 1.1.1] ist
seine berühmte Argumentation von Bewegungen auf einem Schiff aus dem Werk
[GAL 91, S. 197-198] erläutert.

[3] Die Argumentation anhand des Fixsternhimmels ist historisch begründet. Genau genommen sind auch die Fixsterne über einen großen Zeitraum betrachtet
nicht fest. Der Begriff Inertialsystem stammt von Ludwig Lange. Er wurde im
Werk [LAN 85, S. 273] 1885 eingeführt.

[4] Dies ist eine moderne Formulierung. Die Begriffsbildung erfolgt wie zuvor beschrieben erst im 19. und 20. Jahrhundert.

Alle Inertialsysteme sind gleichwertig bezüglich der Formulierung der Gesetze der Mechanik [KW 00].

Damit ist gemeint, dass unabhängig vom Beobachter die physikalischen Gesetze dieselbe Form haben. Beispielsweise haben die Newton'schen Gesetze in allen IS dieselbe Form. Wir werden diese Aussage gleich verifizieren (siehe (3.6)). Der Fachterminus lautet an dieser Stelle Kovarianz unter Transformation von IS nach IS'. Aus dieser Aussage folgt unmittelbar, dass es keinen absoluten Raum gibt. Wir können Vorgänge nur in relativ zueinander definierten IS angeben. Aber keines der IS ist bevorzugt [FLI 14, Kap. 34]. Wir beginnen die Beschreibung mit der Diskussion von Transformationen.

Transformation

Eine Transformation ist eine Abbildung, die zwischen zwei Koordinatensystemen definiert ist. Jede Koordinate des einen Koordinatensystems ist eine Funktion der Koordinaten des anderen Koordinatensystems. Sicherlich ist der Leser mit der Aussage vertraut, dass Punkte im $\mathbb{R}^3$ sowohl durch kartesische als auch durch Kugelkoordinaten beschrieben werden können. Die Kugelkoordinaten (r, Θ, Φ) können als Funktionen der kartesischen Koordinaten aufgestellt werden, $(r(x, y, z), \Theta(x, y, z), \Phi(x, y, z))$.

Ebenso können wir die umgekehrte Transformation $(x(r, \Theta, \Phi), y(r, \Theta, \Phi), z(r, \Theta, \Phi))$ angeben.[5]

Zu einer kovarianten Form eines Gesetzes gehören neben der Angabe der Inertialsysteme IS und IS' immer auch die entsprechenden

---

[5] Damit eine Funktion als Koordinatentransformation infrage kommt, muss sie bestimmte Eigenschaften erfüllen. Diese sind beispielsweise in [SCHE 15, Kap. 1.1] angegeben.

Funktionen, die angeben wie das eine IS in das andere IS' übertragen wird. Doch welche Transformationen sind diejenigen, unter denen kovariante Gesetze formulierbar sind?

Hierzu treffen wir Annahmen über die Struktur von Raum und Zeit. Wir gehen von der Isotropie des Raumes aus. Das bedeutet, dass alle räumlichen Richtungen äquivalent sind. Es soll auch keine Rolle spielen, an welcher Stelle im Raum und zu welchem Zeitpunkt ein physikalisches Gesetz betrachtet wird. Dies wird als Homogenität des Raumes bzw. der Zeit bezeichnet. Wechseln wir also von einem Inertialsystem in ein anderes, soll sich die Form der physikalischen Gesetze, nach dem Relativitätsprinzip, nicht ändern. Die entsprechenden Transformationen tragen deshalb heute Galileis Namen.[6] Die entscheidende Folgerung aus Homogenität und Isotropie des Raumes ist, dass der Abstand an jedem Ort gleich gemessen werden kann. Die Transformation muss demnach abstandserhaltend sein. Da wir auch von der Homogenität der Zeit ausgehen, gilt diese Abstandsgleichheit auch für Zeitabstände.

Wegelement

Der Abstand in einem Vektorraum ist über das Skalarprodukt definiert. Betrachten wir zwei Punkte P und Q, so lässt sich der Abstand zwischen den Punkten mit

$$|P - Q| = \sqrt{(P_x - Q_x)^2 + (P_y - Q_y)^2 + (P_z - Q_z)^2} \qquad (3.1)$$

---

[6] Die Bezeichnung Galilei-Transformation wurde von P. Frank 1909 eingeführt [PAI 09, Kap. 7].

bestimmen. Sind die Punkte nur infinitesimal voneinander entfernt, so ergibt sich der Abstand aus den Quadraten der infinitesimalen Differentiale:

$$dl = \sqrt{dx^2 + dy^2 + dz^2}. \tag{3.2}$$

Wir betrachten der Einfachheit halber das Quadrat von dl. Diese Größe nennen wir das Wegelement des Raumes,

$$dl^2 = dx^2 + dy^2 + dz^2. \tag{3.3}$$

Welche Transformationen gibt es nun, die den Abstand zwischen zwei Punkten im Koordinatensystem nicht ändern und somit zu den Galilei-Transformationen zählen?

Als erstes leuchtet uns ein, dass eine Translation im Raum durch einen Vektor **a** den Abstand nicht ändert, wenn der Raum an jeder Stelle gleich ist. Auch eine Verschiebung in der Zeit durch ein Zeitintervall $\Delta\tau$ hat keinen Einfluss auf den Abstand zweier Punkte. Eine Drehung um einen Winkel ϕ ändert den Abstand ebenso wenig wie eine Bewegung mit konstanter Geschwindigkeit v zwischen den beiden Inertialsystemen.

Die allgemeinen Galilei-Transformationen fassen alle genannten Möglichkeiten zusammen:[7]

$$x'^i = \alpha^i{}_k \, x^k + a^i + v^i t; \quad t = t + \tau. \tag{3.4}$$

Hierbei stehen die x^i für die kartesischen Komponenten des Vektors ($x^1 = x, x^2 = y, x^3 = z$), der den Ort angibt.[8] Wir unterdrücken

---

[7] Die Galilei-Transformationen sind Elemente der Galilei-Gruppe. Gruppentheoretische Aspekte sind u.a. in [SCHE 15, Kap. 1.1] zu finden.

[8] Lateinische Indizes nehmen in dieser Arbeit die Werte 1,2,3 an.

wie gewohnt nach Einstein'scher Summenkonvention das Summenzeichen.[9] Analog dazu geben v^i und a^i ebenfalls Komponenten der
entsprechenden Vektoren an.

Die Forderung, dass der Abstand erhalten bleibt, schränkt die Matrizen α, die die Drehung beschreiben, ein. Es müssen orthogonale
Matrizen sein, denn diese erfüllen nach Definition:

$$\alpha^T \alpha = \mathbb{1}.$$

Aus dieser Eigenschaft folgt, dass das Wegelement $dl^2 = dx^2 + dy^2 + dz^2$ unter jeder Galilei-Transformation kovariant ist.

Es ist aufwendig die folgenden Gedankengänge mit den allgemeinen Galilei-Transformationen auszuführen. Wir werden uns auf Re-
lativbewegungen in der x-Richtung beschränken. Um unsere Argumentation zu stützen, reicht diese Betrachtung der speziellen Galilei-
Transformation vollkommen aus. Es sei jedoch angemerkt, dass es
sich um einen Spezialfall handelt, der sich jedoch auf eine allgemeine
Betrachtung übertragen lässt.

Die spezielle Galilei-Transformation umfasst die Betrachtung eines
IS', das sich in Bezug zu einem als ruhend definiertem IS in einer
Koordinatenrichtung mit der konstanten Geschwindigkeit v bewegt
[FLI 12a, Kap. 3]:

$$x = x' + vt, \quad y = y', \quad z = z', \quad t = t'. \tag{3.5}$$

---

[9] Einstein führte diese Konvention bei der Beschreibung der ART ein [PAI 09,
Kap. 12e]. In [EIN 16] schreibt er: "Es ist deshalb möglich, ohne die Klarheit zu
beeinträchtigen, die Summenzeichen wegzulassen.[...] Tritt ein Index in einem
Term zweimal auf, so ist über ihn stets zu summieren, wenn nicht ausdrücklich
das Gegenteil bemerkt ist."

Es lässt sich nun nachweisen, dass sich die Form der Kraft aus der Newton'schen Gravitationstheorie (2.1) unter (3.5) nicht ändert. Dazu setzen wir die Transformation in das Gesetz (2.1) ein:

$$F' = m\frac{d^2 x'}{dt'^2} = m\frac{d}{dt'}\left(\frac{dx}{dt} - v\right) = m\frac{d^2 x(t)}{dt^2}. \qquad (3.6)$$

Die rechte Seite von (2.1) ist ebenfalls invariant, da der Vektor **r** den Relativabstand zwischen den Massen angibt. Dieser ändert sich durch die spezielle Galilei-Transformation nicht. Das Gesetz ist also kovariant unter speziellen Galilei-Transformationen.[10]

Schwierigkeiten mit den Maxwell-Gleichungen

Im 19. Jahrhundert wurde die Theorie der Elektrostatik und Elektrodynamik entwickelt. Maxwell konnte dieses Gebiet durch die nach ihm benannten Maxwell-Gleichungen beschreiben.[11] Diese Gleichungen sind nicht kovariant unter Galilei-Transformation. Dies zeigt sich schon beim Additionsgesetz von Geschwindigkeiten.

Gehen wir zu der Beschreibung vom Anfang des Kapitels zurück. Der Mann im Zug laufe nun von einem Ende des Waggons zum anderen. Im mitbewegten System sei seine Geschwindigkeit u. Nun bestimmen wir die Geschwindigkeit, die der an der Strecke stehende Beobachter misst.

Dazu müssen wir wieder die Transformation anwenden:

$$u' = \frac{dx'}{dt'} = \frac{d}{dt}(x + vt) = \frac{dx}{dt} + v = u + v. \qquad (3.7)$$

---

[10] Die allgemeine Argumentation findet sich in [SCH 13a, Kap. 4.7].
[11] Zur Diskussion der Maxwell-Gleichungen siehe [JAC 06, Kap. 6].

Geschwindigkeiten lassen sich also beliebig addieren und es gibt keine Obergrenze. Anfang des 20. Jahrhunderts machten die Physiker Michelson und Morley mit dem nach ihnen benannten Interferometeraufbau eine Entdeckung, die dieser Aussage widerspricht.[12] Grob gesagt haben sie die Geschwindigkeit von Licht relativ zur Erdbewegung untersucht und festgestellt, dass die Lichtgeschwindigkeit nicht größer wird, egal ob das Licht parallel, antiparallel oder senkrecht zur Erdbewegung ausgestrahlt wird. Die Lichtgeschwindigkeit ist also konstant und kann nicht durch Addition einer weiteren Bewegung erhöht werden [GOE 96, Kap. 1.3.2]. Die Gleichung (3.7) zur Addition von Geschwindigkeiten kann also in diesem Fall nicht korrekt sein, denn es würde gelten:

$$ c' = \frac{dx'}{dt'} = \frac{d}{dt}(x + vt) = \frac{dx}{dt} + v = c + v. \tag{3.8} $$

Die Maxwell-Gleichungen können also unter Galilei-Transformation nicht kovariant sein. Aus diesem Grund hat Maxwell seine Theorie als nicht-relativistisch bezeichnet [FLI 12a, S. 8]. Eine andere mögliche Schlussfolgerung ist, dass die Galilei-Transformation nicht die richtige Transformation zur Beschreibung der Theorie ist.

Einstein erweitert schließlich das Galilei'sche Relativtätsprinzip und fordert somit ein Transformationsgesetz, welches die neuen Erkenntnisse aus der Elektrodynamik mit einschließt.

---

[12] Eine detaillierte Beschreibung des Versuchsaufbaus und Erklärungen finden sich in [BMW 15, Kap. 2.2]. Die Originalarbeit von Michelson und Morley ist im American Journal of Science zu finden [MM 81].

Das Einstein'sche Relativitätsprinzip lautet:

Die physikalischen Gesetze inklusive der Maxwell-Gleichungen
gelten in Inertialsystemen [FLI 12a, Kap. 3].

3.2 Die Lorentz-Transformation

Wie finden wir eine geeignete Transformation, die dieses, die
Maxwell-Gleichungen mit einschließende, Relativitätsprinzip erfüllt?
Das Michelson-Morley-Experiment führt uns auf die Relativität von
Raum und Zeit. Raum und Zeit sind nun nicht mehr als absolut und
unabhängig voneinander zu betrachten. Wir müssen diese Tatsache
bei der Wahl unserer Koordinaten und des Wegelements berücksich-
tigen.

Wegelement

Wir fassen Raum und Zeit ab sofort in den nach dem Physiker Minkowski benannten Minkowski-Koordinaten auf.[13] Sie setzen sich aus
einer Zeit- und drei Raum-Dimensionen zusammen. Damit alle Komponenten die gleiche Einheit haben, müssen wir die Zeitkoordinate anpassen. Auch wählen wir die Benennung der Indizes so, dass
es keinen Konflikt mit den zuvor betrachteten drei Koordinaten des
Raumes gibt.

Nach diesen Konventionen geben wir die Koordinaten als

$$x^0 = ct, \quad x^1 = x, \quad x^2 = y, \quad x^3 = z \qquad (3.9)$$

---

[13] Ein interessanter Artikel über Minkowski [ROW 09] liefert Hintergrundinforma-
tionen zu Minkowskis Argumentationsweise und Erkenntnissen.

an.

Betrachten wir physikalische Vorgänge in diesem vierdimensionalen Raum, so tritt das Minkowski-Wegelement an die Stelle unseres vorherigen Wegelements dl^2 (3.3). Zusätzlich zur Isotropie des Raumes, muss nun auch die Relativität von Raum und Zeit, beziehungsweise die Konstanz der Lichtgeschwindigkeit vorausgesetzt werden. Das Relativitätsprinzip umfasst die Aussage, dass kein absolutes Inertialsystem ausgezeichnet werden kann.[14] Eine kugelförmige Lichtwelle werde im Ursprung eines Koordinatensystems emittiert. Nach der Zeit t hat sich die Welle über der Kugel

$$x^2 + y^2 + z^2 = c^2 t^2$$

ausgebreitet (nach [PAI 09, Kap. 7]). Betrachten wir nun wieder infinitesimale Abstände, so können wir zur Definition des Minkowski-Wegelements in kartesischen Koordinaten angeben:[15]

$$ds^2 = c^2 dt^2 - dx^2 - dy^2 - dz^2. \tag{3.10}$$

Für die weiterführende Argumentation und die Verallgemeinerung zur Gravitationstheorie führen wir an dieser Stelle noch eine allgemeinere Darstellung des Wegelements durch eine 4 × 4-Matrix ein:

$$ds^2 = \eta_{\alpha\beta} dx^\alpha dx^\beta. \tag{3.11}$$

---

[14] Die Relativität von Raum und Zeit ist ausführlich in [BMW 15, Kap. 2.4] diskutiert.

[15] Die Vorzeichen im Wegelement sind eine Konventionsfrage, die in der Literatur nicht einheitlich geklärt ist. Hobson et al. diskutieren diese Prämisse ausführlich [HEL 06, Kap. 8A]. Die verwendete Konvention orientiert sich an dem Standardwerk von Weinberg [WEI 72].

Die 4×4-Matrix $\eta_{\alpha\beta}$[16] nennen wir Minkowski-Tensor.[17] Der Minkowski-Tensor ist abhängig von der Wahl der Koordinaten.

So erhalten wir durch einen Koeffizientenvergleich in kartesischen Koordinaten:

$$\eta_{\alpha\beta} = \begin{pmatrix} 1 & 0 & 0 & 0 \\ 0 & -1 & 0 & 0 \\ 0 & 0 & -1 & 0 \\ 0 & 0 & 0 & -1 \end{pmatrix}. \tag{3.12}$$

In Kugelkoordinaten ist indes

$$\eta_{\alpha\beta} = \begin{pmatrix} 1 & 0 & 0 & 0 \\ 0 & -1 & 0 & 0 \\ 0 & 0 & -r^2 & 0 \\ 0 & 0 & 0 & -r^2 \sin^2 \Theta \end{pmatrix}. \tag{3.13}$$

Die Herleitung dieser Matrix erfolgt im Anhang B.2.3.[18] Wir stellen noch fest, dass der Minkowski-Tensor symmetrisch ist. Es gilt, da es sich um eine Diagonalmatrix handeln, offensichtlich:

$$\eta_{\alpha\beta} = \eta_{\beta\alpha}. \tag{3.14}$$

Die gesuchte Transformation, unter der auch die Maxwell-Gleichungen kovariant sind, ist die Lorentz-Transformation

---

[16] Für die Koordinaten in der Minkowski-Raum-Zeit werden die griechischen Indizes $\alpha, \beta, \ldots$ verwendet.

[17] Genauer müsste der Tensor als metrischer Tensor des Minkowski-Raumes benannt werden. Um Verwechselung mit dem später eingeführten allgemeineren metrischen Tensor zu vermeiden, nennen wir ihn kurz Minkowski-Tensor.

[18] Sie ist erst verständlich nachdem der allgemeine metrische Tensor im Abschnitt 5.3 eingeführt wurde. Deshalb ist die Rechnung an dieser Stelle ausgelagert.

(kurz: LT).[19] Wir stellen zunächst Bedingungen an die Theorie, die uns beim Aufstellen der Transformation helfen. Die Wahlfreiheit einer Skalierung muss gewährleistet sein. Also können wir $(t', x', y', z') \to (\lambda_0 t, \lambda_1 x, \lambda_2 y, \lambda_3 z)$ zulassen. Dabei sind λ_i beliebige Streckfaktoren. Aus diesem Grund sind nur lineare Transformationen möglich. Die Transformation $t' \to t^2 + ax^2$ zum Beispiel ist nicht mit der Skalierung vereinbar. Ebenfalls fordern wir die beobachtete Konstanz der Lichtgeschwindigkeit. Die gesuchte Transformation muss das Minkowski-Wegelement (3.11) invariant lassen. Außerdem folgt aus der Homogenität von Raum und Zeit, dass die Transformation an jedem Punkt in der Minkowski-Raum-Zeit gleich sein sollte und damit koordinatenunabhängig ist [ZEE 13, Kap 3.2]. Auch die Isotropie des Raumes gilt weiterhin. Daraus lassen sich die konkreten Gleichungen der LT bestimmen [SCHR 14, Kap 3.4].

Spezielle Lorentz-Transformation

Die allgemeinen Lorentz-Transformationen werden im Lehrbuch [SCH 13a, Kap. 4.4] diskutiert. Wir beschränken uns wiederum, wie bei der Galilei-Transformation, auf eine spezielle Lorentz-Transformation, die die Bewegung in einer Richtung angibt. Wir geben die spezielle Lorentz-Transformation in x-Richtung an:[20]

$$x' = (x - vt)\gamma, \quad y' = y, \quad z' = z, \quad ct' = \gamma\left(ct - \frac{v}{c}x\right) \quad (3.15)$$

---

[19] Eine ähnlichen Transformation wurde zuvor schon von Voigt 1887 gefunden. Lorentz kannte diese Arbeit nicht. Die Physik baut auf der Arbeit von Lorentz auf, weshalb die Transformation nach ihm benannt ist [ZEE 13, Kap 3.2].
[20] Eine ausführliche Herleitung ist in [SCHR 14, Kap 3.4] zu finden.

$$\text{mit} \quad \gamma = \frac{1}{\sqrt{1 - \left(\frac{v}{c}\right)^2}}. \tag{3.16}$$

Eine wichtige Erkenntnis bei dieser Transformation ist, dass die Zeit nun keine absolute Größe mehr ist, sondern abhängig vom Bezugssystem ist. Messen wir eine Zeitspanne in einem als ruhend angenommenen Bezugssystem, so unterscheidet diese sich von der in einem bewegten System gemessenen Zeitspanne.

Drücken wir die spezielle Lorentz-Transformation mithilfe der Minkowski-Koordinaten und einer Matrix $\Lambda^\alpha{}_\beta$ aus, so hat die Transformation vom IS mit den Koordinaten x^β zum relativ dazu bewegten IS' mit den Koordinaten x'^α folgende Gestalt:

$$x'^\alpha = \Lambda^\alpha{}_\beta \, x^\beta \tag{3.17}$$

mit der 4 × 4 Transformationsmatrix $\Lambda^\alpha{}_\beta$

$$\Lambda^\alpha{}_\beta = \begin{pmatrix} \gamma & -\gamma\frac{v}{c} & 0 & 0 \\ -\gamma\frac{v}{c} & \gamma & 0 & 0 \\ 0 & 0 & 1 & 0 \\ 0 & 0 & 0 & 1 \end{pmatrix}. \tag{3.18}$$

Schreiben wir zum besseren Verständnis (3.17) noch einmal detailliert auf:

$$\begin{pmatrix} x'^0 \\ x'^1 \\ x'^2 \\ x'^3 \end{pmatrix} = \begin{pmatrix} \gamma & -\gamma\frac{v}{c} & 0 & 0 \\ -\gamma\frac{v}{c} & \gamma & 0 & 0 \\ 0 & 0 & 1 & 0 \\ 0 & 0 & 0 & 1 \end{pmatrix} \begin{pmatrix} x^0 \\ x^1 \\ x^2 \\ x^3 \end{pmatrix}.$$

Wir haben zu Beginn des Kapitels behauptet, dass die Lorentz-

Transformation das Minkowski-Wegelement invariant lässt. Dies verdeutlichen wir nun an einem Spezialfall der speziellen Lorentz-Transformation mit folgender Überlegung:

Wir betrachten die Bewegung eines Objekts in einer Koordinatenrichtung von x_1 zum Zeitpunkt t_1 nach x_2 am Zeitpunkt t_2. In y- und z-Richtung bewege sich das Objekt nicht. Dies entspricht genau unserer speziellen Lorentz-Transformation. Der Abstand ist im Ruhesystem $c^2 dt^2 - dx^2$. Die Differentiale dy und dz sind für die betrachtete Bewegung Null. Nun betrachten wir die Situation in einem mitbewegten System. Dazu bestimmen wir zunächst dt' und dx':

$$\begin{pmatrix} cdt' \\ dx' \end{pmatrix} = \begin{pmatrix} \gamma & -\gamma\frac{v}{c} \\ -\gamma\frac{v}{c} & \gamma \end{pmatrix} \begin{pmatrix} cdt \\ dx \end{pmatrix} = \begin{pmatrix} \gamma cdt - \frac{v}{c}\gamma dx \\ -\frac{v}{c}\gamma cdt + \gamma dx \end{pmatrix}$$

Die Differenz $dt'^2 - dx'^2$ wird also zu:

$$\begin{aligned} c^2 dt'^2 - dx'^2 &= \left(\gamma cdt - \frac{v}{c}\gamma dx \right)^2 - \left(-\frac{v}{c}\gamma cdt + \gamma dx \right)^2 \\ &= \left(\gamma^2 c^2 dt^2 - 2\frac{v}{c}\gamma^2 cdtdx + \frac{v^2}{c^2}\gamma^2 dx^2 \right) \\ &\quad - \left(\frac{v^2}{c^2}\gamma^2 c^2 dt^2 - 2\frac{v}{c}\gamma^2 cdtdx + \gamma^2 dx^2 \right) \\ &= c^2 dt^2 \left(\gamma^2 - \frac{v^2}{c^2}\gamma^2 \right) - dx^2 \left(\gamma^2 - \frac{v^2}{c^2}\gamma^2 \right) \\ &= \left(\frac{1 - \frac{v^2}{c^2}}{1 - \frac{v^2}{c^2}} \right) \left(c^2 dt^2 - dx^2 \right). \end{aligned}$$

In diesem Spezialfall ist also das Wegelement invariant.

Eine Größe, die sich unter einer Lorentz-Transformation nicht ändert, nennen wir einen Lorentz-Skalar. Eine vierkomponentige Größe V^α heißt Lorentz-Vektor, wenn ihre kontravarianten Komponenten sich wie in (3.17) transformieren. Wir wiederholen die Tensoralgebra im Minkowski-Raum im anschließenden Abschnitt.

Kovarianz der Maxwell-Gleichungen

Im nächsten Schritt wollen wir überprüfen, ob die Lorentz-Transformation die geforderten Eigenschaften des Einstein'schen Relativitätsprinzips erfüllt. Zunächst zur Addition von Geschwindigkeiten, die bei der Galilei-Transformation zu einem Widerspruch mit der Konstanz der Lichtgeschwindigkeit führt. Ersetzen wir die Galilei- durch die Lorentz-Transformation, erhalten wir ein neues Additionsgesetz für Geschwindigkeiten. Wir kehren wieder zu dem Mann im Zug zurück. Seine Bewegung im Zug betrachten wir erneut von außerhalb, nur wenden wir diesmal anstatt der Galilei-Transformation die Lorentz-Transformation an (nach [BMW 15, Kap. 3.4]): Für die Lorentz-Transformation gilt $\Lambda_3 = \Lambda_2 \Lambda_1$:

$$
\begin{aligned}
\Lambda_3 &= \begin{pmatrix} \gamma_2 & -\gamma_2 \frac{u}{c} \\ -\gamma_2 \frac{u}{c} & \gamma_2 \end{pmatrix} \begin{pmatrix} \gamma_1 & -\gamma_1 \frac{v}{c} \\ -\gamma_1 \frac{v}{c} & \gamma_1 \end{pmatrix} \\
&= \begin{pmatrix} \gamma_1 \gamma_2 (1 + \frac{vu}{c^2}) & -\gamma_1 \gamma_2 (\frac{v}{c} + \frac{u}{c}) \\ -\gamma_1 \gamma_2 (\frac{v}{c} + \frac{u}{c}) & \gamma_1 \gamma_2 (1 + \frac{vu}{c^2}) \end{pmatrix}.
\end{aligned}
\tag{3.19}
$$

Die Matrix Λ_3 soll die gleiche Gestalt wie Λ_1 und Λ_2 haben, sodass wir aus der oberen linken Komponente die Gleichung

$$
\begin{aligned}
\gamma_3 &= \gamma_1\gamma_2\left(1 + \frac{vu}{c^2}\right) \\
&= \frac{1 + \frac{vu}{c^2}}{\sqrt{\left(1 - \frac{v^2}{c^2}\right)\left(1 - \frac{u^2}{c^2}\right)}} \\
&= \frac{1}{\sqrt{1 - \left(\frac{\frac{v}{c} + \frac{u}{c}}{1 + \frac{vu}{c^2}}\right)^2}}
\end{aligned}
$$

erhalten. Also ist die Relativgeschwindigkeit des Mannes relativ zum an der Zugstrecke ruhenden Beobachters durch

$$
u' = \frac{v + u}{1 + \frac{vu}{c^2}} \tag{3.20}
$$

gegeben. Setzen wir nun die Lichtgeschwindigkeit für u ein, bemerken wir, dass sich die Geschwindigkeit nicht erhöht,

$$
c' = \frac{v + c}{1 + \frac{cv}{c^2}} = \frac{v + c}{\frac{c(v+c)}{c^2}} = c. \tag{3.21}
$$

Die Lichtgeschwindigkeit wird also nicht überschritten, wie es auch das Michelson-Morley-Experiment zeigt [PAI 09, Kap. 7].[21] Für kleine Geschwindigkeiten erhalten wir das bekannte Additionsgesetz der Galilei-Transformation (3.7), da der Nenner in diesem Fall ungefähr Eins ist.

---

[21] An dieser Stelle sei erwähnt, dass das Michelson-Morley-Experiment die Lorentz-Transformation für $ds^2 = 0$ bestätigt hat und es weitere Experimente gibt, die die Transformation für $ds^2 \neq 0$ bestätigen [FLI 12a, S.10].

Zentral für unsere spätere Argumentation ist die Tensorrechnung. Ein Gesetz ist nach der Definition von Tensoren kovariant, wenn es sich als Tensorgleichung aufschreiben lässt. Wir behaupteten, dass die Maxwell-Gleichungen unter Lorentz-Transformationen kovariant sind. Den Beweis liefern wir, indem wir die Gleichungen als Lorentz-Tensorgleichungen formulieren:[22]

$$\partial_\beta F^{\beta\alpha} = \frac{4\pi}{c} j^\alpha, \quad \partial_\beta \tilde{F}^{\beta\alpha} = 0. \qquad (3.22)$$

In dieser Gleichung bezeichnet $F^{\beta\alpha}$ den elektromagnetischen Feldstärketensor. Die Gleichungen umfassen zudem den dazu dualen Feldstärketensor $\tilde{F}^{\beta\alpha}$ sowie die Viererstromdichte $j^\alpha = (c\rho, \mathbf{j})$.

3.3 Tensoren im Minkowski-Raum

Aufgrund der Bedeutung der kovarianten Formulierung von Gesetzen in der Relativitätstheorie wiederholen wir die zentralen Aspekte der Tensorrechnung im Minkowski-Raum. Wir orientieren uns dabei an der Darstellung in den Lehrbüchern [FLI 12a, Kap. 5] und [BMW 15, Kap. 5.2]. Die definierende Eigenschaft eines Tensors ist das Verhalten unter einer Koordinatentransformation.

Lorentz-Tensoren sind nach Definition indizierte Größen, die sich komponentenweise unter Lorentz-Transformation wie Vektorkomponenten transformieren. So ist ein Vierervektor a^α festgelegt durch die Transformation

$$a'^\alpha = \Lambda^\alpha{}_\beta \, a^\beta. \qquad (3.23)$$

---

[22] Im Lehrbuch [FLI 12b, Kap. 18] gibt es eine detaillierte Diskussion der verwendeten Größen und ihrer Kovarianz, die bei Bedarf nachvollzogen werden kann.

Ein solcher Vierervektor ist zum Beispiel der Viererimpuls:

$$p^\alpha = \begin{pmatrix} E/c \\ p_x \\ p_y \\ p_z \end{pmatrix}. \tag{3.24}$$

In der bisherigen Diskussion sind Indizes oben und unten aufgetreten. Diese Zusammenhänge einer kovarianten Schreibweise mit untenstehendem Index und einer kontravarianten Schreibweise mit obenstehendem Index wollen wir nun präzisieren. Zu einem kontravarianten Vektor a^α im Vektorraum V können wir einen kovarianten Vektor a_α angeben. Er ist ein Element des Dualraums V^*.[23] Wir erhalten die kovariante Schreibweise aus der kontravarianten Schreibweise mit

$$a_\alpha = \eta_{\alpha\beta}\, a^\beta. \tag{3.25}$$

Die Matrix $\eta_{\alpha\beta}$ ist dabei die 4×4 Matrix aus (3.12). In der weiteren Erarbeitung der Theorie wird auch die zu $\eta_{\alpha\beta}$ inverse Matrix $\eta^{\alpha\beta}$ verwendet. Wir definieren sie mithilfe der Gleichung

$$\eta_{\alpha\beta}\, \eta^{\beta\gamma} = \delta_\alpha^\gamma. \tag{3.26}$$

Um einen kovarianten Vektor von einem IS in ein anderes IS' zu transformieren, müssen wir ihn zunächst in einen kontravarianten Vektor überführen. Für kontravariante Vektoren ist uns die Transformation bekannt. Anschließend überführen wir das kontravariante Ergebnis

---

[23] Den Dualraum V^* werden wir nicht diskutieren. Es sei auf [RYD 09, Kap. 3.3] verwiesen.

wieder in die kovariante Schreibweise. In mathematischem Formalismus ausdrückt ergibt sich:

$$a'_\alpha = \eta_{\alpha\beta} \, \Lambda^\beta{}_\gamma \, \eta^{\gamma\delta} \, a_\delta = \Lambda_\alpha{}^\delta \, a_\delta. \tag{3.27}$$

An dieser Stelle lassen sich zwei Aspekte von Tensorgleichungen gut demonstrieren. Als erster Aspekt sei das konsistente Indexbild genannt. Wir können mithilfe der Einstein'schen Summenkonvention nur über doppelte Indizes summieren, falls sie einmal oben und einmal unten auftreten. In der Gleichung (3.27) tritt beispielsweise das β unten bei $\eta_{\alpha\beta}$ und oben bei $\Lambda^\beta{}_\gamma$ auf.

Zweitens muss die Anzahl der Indizes oben und unten, über die nicht summiert wird, auf beiden Seiten der Gleichung übereinstimmen. Nebenbei haben wir hier die Transformationsmatrix $\Lambda_\alpha{}^\delta$ für kovariante Komponenten eingeführt.

Nun können wir mit $\Lambda^\alpha{}_\beta$ kontravariante und mit $\Lambda_\alpha{}^\beta$ kovariante Vektoren transformieren. Eine Größe mit einem Index heißt genau dann Tensor erster Stufe, wenn sie wie in (3.23) bzw. wie in (3.27) transformiert. Wir werden im Folgenden Tensoren höherer Stufe benötigen. Dazu verallgemeinern wir die Aussage auf eine Größe mit r Indizes [FLI 12a, Kap. 5]:

Ein Tensor n-ter Stufe ist eine n-fach indizierte Größe, die sich komponentenweise wie die Koordinate x^α transformiert:

$$T'^{\alpha_1\alpha_2\ldots\alpha_n} = \Lambda^{\alpha_1}{}_{\beta_1} \ldots \Lambda^{\alpha_n}{}_{\beta_n} T^{\beta_1\beta_2\ldots\beta_n}. \tag{3.28}$$

Diese Definition bezieht sich zunächst nur auf das Verhalten unter Lorentz-Transformationen. Gehen wir im späteren Abschnitt auf allgemeine Koordinatentransformationen im Riemann'schen Raum ein, werden wir unsere Definition anpassen. Dies geschieht im Abschnitt 5.2.

Aus zwei Tensoren können neue Objekte geschaffen werden, die ebenfalls Tensoren sind. So ist eine Linearkombination zweier Tensoren $(aT^{\alpha\beta} + bS^{\gamma\delta})$, ein Produkt zweier Tensoren $(T^{\alpha\beta}S^{\gamma\delta})$ und die Kontraktion von Tensoren $(T^{\alpha\beta}{}_\beta)$, sowie die Differentiation von Tensoren $(\partial_\alpha T^{\alpha\beta} := \frac{\partial}{\partial x^\alpha} T^{\alpha\beta})$ wieder ein Tensor.

Sind nun die Komponenten der Tensoren Funktionen der Raum-Zeitkoordinaten $x = (x^0, x^1, x^2, x^3)$, so nennen wir die Funktionen Felder und die Tensoren entsprechend Tensorfelder.

Im Zusammenhang der Allgemeinen Relativitätstheorie und deren Feldgleichungen sind die partiellen Ableitungen wichtige Tensorfelder. Schon bei der kovarianten Darstellung der Maxwell-Gleichungen wurde benötigt, dass sich $\frac{\partial}{\partial x^\alpha} = \partial_\alpha$ tatsächlich wie ein kovarianter Vektor transformiert:

$$\frac{\partial}{\partial x'^\alpha} = \frac{\partial x^\beta}{\partial x'^\alpha} \frac{\partial}{\partial x^\beta}. \tag{3.29}$$

Analog transformiert sich $\frac{\partial}{\partial x_\alpha} = \partial^\alpha$ wie ein kontravarianter Vektor. Wir vergewissern uns, dass das Indexbild stimmig ist. Zuletzt sei noch erwähnt, dass der d'Alembert-Operator

$$\Box = \partial^\alpha \partial_\alpha = \frac{1}{c^2} \frac{\partial^2}{\partial t^2} - \Delta \tag{3.30}$$

ein Lorentz-Skalar ist.

4 Der Weg zur Allgemeinen Relativitätstheorie

4.1 Erste Versuche einer relativistischen Gravitationstheorie

Wir haben bisher die Newton'sche Gravitationstheorie und Aspekte der SRT rekapituliert. Nun begeben wir uns zu einer verallgemeinerten Gravitationstheorie. Wir probieren mit naiven Ansätzen eine Gravitationstheorie aufzustellen. Dabei versuchen wir Analogien zur Elektrodynamik auszunutzen. Wenngleich die Ansätze nicht von Erfolg gekrönt sein werden, können wir aus den Punkten, an denen sie scheitern, Bedingungen einer konsistenten Theorie erarbeiten. Die SRT ist durch zahlreiche Experimente bestätigt worden.[1] Unser Ziel ist es also die relativistische Verallgemeinerung von Newtons Gravitationstheorie zu finden. Diese muss mit der evidenten SRT konform sein.

Aus folgendem Grund ist die Newton'sche Theorie keine relativistische Theorie. Es handelt sich um eine Fernwirkungstheorie [KW 00]. Um uns dies klar zu machen, folgen wir der Argumentation des Lehrbuchs [RYD 09, Kap. 1.1]. Wir betrachten das Newton'sche Gravitationsgesetz (2.1) und nehmen an, dass die Masse M sich mit der Zeit t ändere. Dann ist auch die Gravitationskraft explizit von der Zeit

---

[1] Eine Übersicht der Experimente findet sich in [GOE 96, Kap. 1.4 & 2.9].

abhängig:

$$\mathbf{F}(\mathbf{r}, t) = -\frac{M(t)mG}{r^3}\, \mathbf{r}. \tag{4.1}$$

Warum steht dieses zeitabhängige Gesetz nun im Widerspruch zur Speziellen Relativitätstheorie?

Schauen wir was passiert, wenn sich die Masse nun mit der Zeit ändert. Die Gleichung (4.1) sagt uns, dass sich die Kraft an einem beliebigen Ort $\mathbf{r}$ zum selben Zeitpunkt t ändert, wie sich die Masse ändert. Es gibt keine Verzögerung. Insbesondere ist die Übertragung der Wirkung der Massenänderung schneller als die Lichtgeschwindigkeit. Dies ist nach der SRT nicht möglich. Die Information kann sich maximal mit Lichtgeschwindigkeit fortbewegen und die Wirkung müsste demnach zeitverzögert erfolgen.[2]

Vielleicht hilft uns an dieser Stelle abermals eine Analogie zur Elektrodynamik. Dort sind beispielsweise elektromagnetische Wellen, wie wir sie in Kapitel 10 diskutieren werden, konform mit der Speziellen Relativitätstheorie. Die Lösungen können als retardierte Potentiale angegeben werden:[3]

$$u_{ret}(t, \mathbf{x}) = \frac{1}{4\pi} \int d^3x' \frac{\nu\left(t - \frac{|\mathbf{x} - \mathbf{x}'|}{c}, \mathbf{x}'\right)}{|\mathbf{x} - \mathbf{x}'|}. \tag{4.2}$$

Hier ist die Zeitabhängigkeit der Wirkung u dergestalt, dass sie kausal vom Quellterm ν beeinflusst wird. Die Bedingung der Speziellen Relativitätstheorie ist also erfüllt. Demnach besteht die Versuchung auch

---

[2] Die Lichtgeschwindigkeit als obere Grenze hängt auch mit dem Begriff der Kausalität zusammen. Eine Schlussfolgerung, warum die maximale Geschwindigkeit der Signalübertragung die Lichtgeschwindigkeit ist, findet sich in [GOE 96, Kap. 2.1].

[3] Die Diskussion zur Lösung der inhomogenen Wellengleichung kann in [SCH 13b, Kap. 3.5] nachgelesen werden.

in Gleichung (4.1) eine analoge Abhängigkeit $M(t - \frac{r}{c})$ einzufügen. Dies ist dann aber nicht mehr das Newton'sche Gesetz [RYD 09, S.2]. Nun sagen zwei Theorien unterschiedliche Ergebnisse voraus. Eine Theorie muss also falsch sein. Wie kann dies möglich sein, wo wir doch zu beiden Theorien Experimente finden können, die für die jeweilige Theorie sprechen?

Die Newton'sche Gravitationstheorie ist eben keine relativistische Theorie, aber sie ist eine sehr gute Approximation für nicht-relativistische Effekte. Wird also eine neue Gravitationstheorie aufgestellt, so müssen sich im nicht-relativistischen Grenzfall die Newton'schen Gleichungen ergeben. Dieses Kriterium an verallgemeinerte Feldgleichungen bedeutet, dass sich im Grenzfall die Laplace- und die Poisson-Gleichung ergeben müssen ((2.8),(2.9)).

Wie könnte nun eine Verallgemeinerung der Newton'schen Gravitationstheorie aussehen? Wir verfolgen noch einmal unseren Ansatz der Analogie zur Elektrodynamik. Nur wollen wir diesmal nicht die Gravitationskraft, sondern die Gravitationspotentiale in der Poisson-Gleichung (2.9) anpassen. Damit sich die Wirkung der Änderung nur mit Lichtgeschwindigkeit ausbreitet, ersetzen wir den Laplace-Operator durch den d'Alembert-Operator $\Box = \frac{1}{c^2}\frac{\partial^2}{\partial t^2} - \triangle$. Dieser Ansatz macht insofern Sinn, als dass wir bereits gesehen haben, dass der d'Alembert-Operator ein Lorentz-Skalar ist. Später werden wir eine Bedingung an relativistische Feldgleichungen stellen, die besagt, dass die gesuchten Gleichungen Tensorgleichungen sind. Die verallgemeinerte Poisson-Gleichung würde dann lauten:

$$\Box\Phi = \frac{1}{c^2}\frac{\partial^2}{\partial t^2}\Phi - \triangle\Phi = -4\pi G\rho. \tag{4.3}$$

Nun ist die Bedingung der Lichtgeschwindigkeit als maximale Übert-
ragungsgeschwindigkeit erfüllt. Allerdings ist der Ansatz aufgrund
der Äquivalenz von Masse und Energie[4] zum Scheitern verurteilt.
Wir haben das Potential Φ als ein Skalarfeld eingeführt. Aus Gleichung (4.3) folgt also, dass auch ρ ein Skalar ist. Wegen der zitierten
Energie-Masse-Äquivalenz muss allerdings jede Energiedichte und jede Massendichte Quelle des Gravitationsfeldes sein. Die Energiedichte ist jedoch eine Komponente des Energie-Impuls-Tensors, den wir
noch genauer untersuchen werden, und somit kein Lorentz-Skalar.

Die Tatsache, dass die Energiedichte als die 00-Komponente eines
Tensors aufgefasst werden kann, ist ein erster Hinweis darauf, dass
die Feldgleichungen Tensorgleichungen sein müssen. Natürlich können
diese Tensorgleichungen eine allgemeinere Gestalt als die Lorentz-
invarianten Gleichungen der SRT haben. Das Phänomen der Lichtablenkung im Gravitationfeld (siehe Diskussion in Abschnitt 9.4),
welches experimentell nachgewiesen ist, lässt sich mit (4.3) nicht beschreiben. Ein Lichtstrahl wird in einer skalaren Theorie nicht abgelenkt. Da zum rechnerischen Nachweis der Energie-Impuls-Tensor
ausgewertet werden muss, den wir an dieser Stelle noch nicht diskutiert haben, erfolgt die Rechnung im Anhang B.2.4. Der Leser kann
diese Rechnung in einem zweiten Lesen nachvollziehen.

Wenn eine Verallgemeinerung der Poisson-Gleichung am Skalarfeld scheitert, so liegt der Versuch nahe ein symmetrisches Tensorfeld
$\Phi_{\mu\nu} = \Phi_{\nu\mu}$ anstelle des Skalarfeldes einzuführen. Ersetzen wir zusätzlich noch ρ durch einen allgemeineren Tensor $T_{\mu\nu}$, der auch die Energie mit einschließt, so würden die verallgemeinerten Feldgleichungen

---

[4] Eine ausführliche Diskussion der Energie-Masse-Äquivalenz findet sich in
[BMW 15, Kap 6.6.1].

lauten:

$$\Box \Phi_{\mu\nu} = -4\pi G T_{\mu\nu}. \qquad (4.4)$$

Mit diesen Feldgleichungen kann die Lichtablenkung korrekt beschrieben werden. Die Berechnung der Periheldrehung des Merkur stimmt jedoch nicht mit der Beobachtung überein [SCHR 11, Kap. 1].[5]

Außerdem ist (4.4) eine lineare Differentialgleichung. Die gesuchte relativistische Gleichung muss jedoch eine nicht-lineare Gleichung sein.

Warum ist das so? Die Begründung ist in der Äquivalenz von Energie und Masse zu finden. Das von einer Massenverteilung erzeugte Gravitationsfeld hat nämlich eine Energiedichte. Diese Energiedichte tritt wieder als Quelle des Gravitationsfeldes auf. Es gibt also eine Rückkopplung, die nicht-lineare Gleichungen voraussetzt.[6] Unser verallgemeinerter Ansatz (4.4) kann also nicht korrekt sein.

Unsere ersten Versuche, eine relativistische Gravitationstheorie zu finden, sind also gescheitert. Weder die Newton'sche Theorie, noch leichte Modifikationen der Poisson-Gleichung sind korrekt. Entweder lassen sie sich nicht mit der SRT in Einklang bringen oder widersprechen Beobachtungen. Auch die Linearität unserer ersten Ansätze ist für eine relativistische Gravitationstheorie nicht korrekt. Trotzdem können wir zum Schluss dieses Abschnittes festhalten, welche

---

[5] Eine ausführliche Diskussion dieses Versuches einer Gravitationstheorie und die daraus folgenden Ergebnisse für Perihelpräzession, Lichtablenkung und Gravitationswellen befinden sich in [MTW 73, Box 7.1].

[6] In der Elektrodynamik tritt diese Problemstellung nicht auf, da die Quellen des elektrischen Feldes elektrische Ladungen und keine Massen sind [FLI 12a, Kap. 2].

Kriterien eine solche Theorie erfüllen muss. Die Allgemeine Relativitätstheorie und ihre Gleichungen müssen folgenden Bedingungen genügen:[7]

1. Im Grenzfall der nicht-relativistischen Näherung mit langsam bewegten Objekten müssen die Feldgleichungen in die Poisson-Gleichung bzw. die Laplace-Gleichung übergehen. Diese haben sich auf nicht-relativistischen Skalen in Experimenten bewährt.

2. Masseverteilungen erzeugen Gravitationsfelder. Diese Felder enthalten Energie. Aufgrund der Energie-Masse-Äquivalenz tretem diese Energien wieder als Quelle zum Gravitationsfeld auf. Die Feldgleichungen müssen deshalb nicht-linear sein.

3. Wir haben festgestellt, dass die Energiedichte die 00-Komponente des Energie-Impuls-Tensors ist. Wegen der besonderen Transformationseigenschaft werden die verallgemeinerten Feldgleichungen Tensorgleichungen sein. Dieses Argument wird zu Beginn von Kapitel 7 deutlicher ausgeführt.

4. Die Gravitationstheorie sollte die Phänomene der Periheldrehung und der Lichtablenkung beschreiben können. Anfang des 20. Jahrhunderts zeigen diese Beobachtungen die Grenzen der Newton'schen Theorie auf.

4.2 Das Äquivalenzprinzip

Bevor wir uns den Feldgleichungen widmen können, müssen wir noch einige Argumentationsschritte nachvollziehen, die uns näher an unser Ziel bringen. Von grundlegender Bedeutung für die Allgemeine

---

[7] Diese Bedingungen sind an [FLI 12a, Kap. 1] orientiert.

Relativitätstheorie ist die Äquivalenz von träger und schwerer Masse.[8] Auf dieser Erkenntnis fußt die Notwendigkeit von krummlinigen Koordinaten und der Allgemeinen Relativitätstheorie als eine geometrische Theorie. Es ist ebenfalls der Grund dafür, dass wir zum Verständnis der Gravitation die Mathematik der Differentialgeometrie im Riemann'schen Raum benötigen.

Die Einstein-Box

Doch gehen wir Schritt für Schritt vor und starten mit einem Gedankenexperiment von Albert Einstein: Wir befinden uns in einer nach außen isolierten Box.[9] Wir können also nichts über die Umgebung außerhalb der Box wissen. Als ein Experiment lassen wir nun in unserer Box zwei Gegenstände unterschiedlichen Materials aus gleicher Höhe frei fallen.

Befindet sich die Box auf der Erde, so entspricht dieser Versuch dem freien Fall. Wir erwarten also das Ergebnis, welches Galileo Galilei mit seinen Experimenten an der schiefen Ebene gefunden hat. Die Experimente führen Galilei zu der uns wohl bekannten Aussage, dass alle Körper unabhängig von Material, Masse und Form des Körpers im Gravitationsfeld der Erde gleich schnell fallen.[10] Die beiden Gegenstände erreichen den Boden der Box also zum selben Zeitpunkt.

Denken wir uns nun alternativ, dass sich die Box, in der wir das Experiment durchführen, nicht auf der Erde befindet, sondern sich mit

---

[8] Das folgende Gedankenexperiment nannte Einstein den glücklichsten Einfall seines Lebens [BMW 15, Kap 10.3].

[9] Die Formulierung der Einstein-Box ist angelehnt an [RYD 09, Kap. 1.2].

[10] Genau genommen ist die Erkenntnis so zu formulieren:"Im Vakuum fallen alle Körper gleich schnell, und ihre Bewegung ist gleichförmig beschleunigt" [HER 91, S.13].

konstanter Beschleunigung **a** durch den Weltraum bewegt.[11] Auch in
dieser Situation erreichen die beiden Gegenstände den Boden nach
derselben Zeit. Auf keinen der beiden Gegenstände wirkt nämlich
eine Kraft, sodass der beschleunigte Boden beide zur gleichen Zeit
erreicht.

In der nach außen isolierten Box können wir mit diesem Experiment
also nicht feststellen, ob wir uns in der Box in einem Gravitationsfeld
befinden, oder ob die Box gleichmäßig beschleunigt ist. Das starke
Äquivalenzprinzip geht noch einen Schritt weiter und besagt, dass
wir mit gar keinem Experiment in der Box feststellen können, welche
der beiden geschilderten Situationen vorliegt. Ein Gravitationsfeld ist
somit äquivalent zu einem beschleunigten Bezugssystem. Es stellen
sich nun zwei wichtige Fragen:

1. Auf welchen Voraussetzungen basiert das Gedankenexperiment? Können wir experimentelle Evidenzen finden?

2. Welche Auswirkungen hat das Äquivalenzprinzip auf die Gravitationstheorie?

Das schwache Äquivalenzprinzip

Zur Beantwortung der ersten Frage, müssen wir uns dem sogenannten
schwachen Äquivalenzprinzip widmen. Es thematisiert die schwere
und die träge Masse. Die Bedeutung der beiden Massenbegriffe wird
durch die Bewegungsgleichung (2.6) deutlich.

Aber betrachten wir zunächst die nicht-relativistische Bewegungsgleichung eines geladenen Teilchens. Nach dem Lehrbuch [NOL 13c,

---

[11] Wir betrachten dies unter Vernachlässigung aller anderen Gravitationskräfte
durch Planeten und Sterne.

Kap. 2] ist sie gegeben durch:

$$m\frac{d^2\mathbf{r}}{dt^2} = -q\nabla\Phi_e(\mathbf{r}).$$ (4.5)

Als Kopplung der Wechselwirkung tritt hier die Ladung q auf. Sie ist unabhängig von der Trägheitsgröße m auf der linken Seite der Bewegungsgleichung. Warum sollte in der Gravitationstheorie nicht auch zwischen Wechselwirkungsgröße und Trägheit unterschieden werden? Die träge Masse m_t auf der linken Seite der Gleichung ist dann von der schweren Masse m_s auf der rechten Seite der Gleichung zu unterscheiden.[12] Die schwere Masse tritt als Kopplung der Wechselwirkung auf, so wie die Ladung q in der Bewegung eines geladenen Teilchens. Also dürfen wir diese Massen nicht ohne Einschränkung gegeneinander kürzen. Die Beschleunigung ergibt sich dann zu:

$$|\mathbf{a}| = \left|\frac{\mathbf{F}}{m_t}\right| = \frac{m_s}{m_t}\frac{GM}{r^2}.$$ (4.6)

Die Experimente von Galilei implizieren, dass das Verhältnis $\frac{m_s}{m_t}$ für alle Materialien dasselbe ist. Die Gravitationskonstante G ist so skaliert, dass es sogar Eins ist.[13]

Die Gleichheit von schwerer und träger Masse ist also in der Newton'schen Theorie eine Erfahrungstatsache. Es gibt im Laufe der Geschichte der Physik immer neue Experimente, die das Verhältnis von schwerer und träger Masse untersucht haben. Zu nennen sind hier

---

[12] Einige Lehrbücher wie [SCHR 11, Kap. 3] unterscheiden sogar zwischen drei Massen. Der trägen, der passiven schweren und der aktiven schweren Masse, die nach dem schwachen Äquivalenzprinzip gleich sind.

[13] Historisch gesehen wurde G unter der Annahme bestimmt, dass $m_s = m_t$ gilt [RYD 09, Kap. 1.2].

die Pendelversuche von Bessel 1830, die das Ergebnis mit einer Genauigkeit von $\frac{\delta m}{m} < 2 \cdot 10^{-5}$ bestätigt haben [SCHR 11, S.19]. Das Verhältnis von träger und schwerer Masse wurde dann mit einer noch größeren Genauigkeit von Eötvös 1889 bestimmt. Sein Aufbau einer Drehwaage bestimmt das Verhältnis zu Eins mit einer Genauigkeit von $\frac{\delta m}{m} < 3 \cdot 10^{-9}$. Eine spätere Verbesserung des Versuchsaufbaus durch Bragansky und Panov[14] bestätigt das Ergebnis sogar mit einer Genauigkeit von $\frac{\delta m}{m} < 3 \cdot 10^{-12}$. Wir können guten Gewissens in unserem Mesokosmos $m_s = m_t$ setzen. Das Experiment von Eötvös ist im Rahmen des Äquivalenzprinzips zu einer gewissen Berühmtheit gelangt. Es wird in vielen Lehrbüchern detailliert beschrieben. Eine gute Darstellung findet der Leser in [RYD 09, Kap 1.2].

Für die Allgemeine Relativitätstheorie ist die diskutierte Äquivalenz eine Voraussetzung, die im sogenannten schwachen Äquivalenzprinzip manifestiert wird:

Schwere und träge Masse eines jeden Körpers sind gleich.

Äquivalenz von Gravitations- und Trägheitskräften

Einstein folgert nun, dass in einem frei fallenden Bezugssystem keine Schwerkraft spürbar ist. Wir können dies mit dem folgenden Koordinatenwechsel nachvollziehen. In einem Inertialsystem auf der Erdoberfläche gelten die Newton'schen Bewegungsgleichungen (2.6).[15] Wir wählen nun ein beschleunigtes Bezugssystem, dessen Ursprung

---

[14] Die Details des Experiments entnimmt der Leser am besten aus der Originalveröffentlichung [BP 74].

[15] An dieser Stelle nehmen wir an, dass es ein solches IS auf der Erdoberfläche gäbe, obwohl dies genaugenommen nicht stimmt.

sich relativ zu IS mit $\frac{1}{2}\mathbf{g}t^2$ bewegt. Dies wird durch die Transformation

$$\mathbf{r} = \mathbf{r}' + \frac{\mathbf{g}}{2}t^2, \quad t = t',$$

dargestellt. Setzen wir diese Transformation in unsere Bewegungsgleichung (2.6) ein, erhalten wir:

$$m_t \frac{d^2\mathbf{r}}{dt^2} = m_s\mathbf{g}$$

$$\Leftrightarrow m_t \left(\frac{d^2\mathbf{r}'}{dt'^2} + g \right) = m_s\mathbf{g}$$

$$\Leftrightarrow \quad m_t \frac{d^2\mathbf{r}'}{dt'^2} = (m_s - m_t)\mathbf{g} = 0.$$

Wir erkennen, dass im beschleunigten Bezugssystem[16] keine Beschleunigun stattfindet, d.h. keine Schwerkraft spürbar ist. Eine Kraft, die nur in einem beschleunigten Bezugssystem auftritt, ist eine Scheinkraft. Die Gravitation ist also vergleichbar mit den nur in rotierenden Bezugssystemen auftretenden Trägheitskräften (z.B. Corioliskraft und Zentrifugalkraft [NOL 13a, Kap. 2.2.4]). Die Bewegung im Gravitationsfeld ist also analog zur Bewegung in einem beschleunigten Bezugssystem zu betrachten. Lokal ist die Gravitation nicht beobachtbar. Die Frage nach den Trägheitskräften war eine der Ausgangsfragen zur Aufstellung der Allgemeinen Relativitätstheorie. Einstein wurde dabei vom sogenannten Mach'schen Prinzip beeinflusst. Während Newton Trägheitskräfte durch Beschleunigungen relativ zum absoluten Raum erklärte, stellt Mach die These auf, dass ein absoluter Raum nicht existiert.

---

[16] In der Literatur wird dieses Bezugssystem auch als frei fallender Fahrstuhl bezeichnet [FLI 12a, Kap. 10].

Trägheitskräfte werden vielmehr durch die Gesamtheit der im Universum vorhandenen Materie verursacht [WEI 72, Kap. 3.7].[17]

Einstein geht noch weiter und postuliert, dass im frei fallenden Bezugssystem alle Vorgänge so ablaufen, als wenn kein Gravitationsfeld vorhanden sei. Dies ist das starke Äquivalenzprinzip, welches wir später in einer anderen Formulierung festhalten werden. Es ist ein Postulat, zu welchem zunächst keine Beweise angegeben werden können. Machen wir uns die Tragweite dieser Aussage einmal klarer. Aus dem Ergebnis unserer Rechnung in der Mechanik, dass die Gravitationskraft durch eine Transformation der Koordinaten verschwindet, schließen wir auf den allgemeineren Fall. Für jedes physikalische Phänomen an allen Orten und zu jeder Zeit können wir die Effekte des Gravitationsfeldes wegtransformieren.[18]

In der Formulierung sind auch inhomogene Felder erlaubt. Betrachten wir beispielsweise einen Satelliten, der die Erde umkreist.[19] Das Gravitationsfeld der Erde ist nicht homogen [MES 15, Kap. 1.8]. Jedoch können wir in erster Näherung im Satelliten die Inhomogenität des Gravitationsfeld vernachlässigen, wenn wir uns auf kleine Distanzen beschränken. Auf kleinen Distanzen im Sateliten laufen nach dem starken Äquivalenzprinzip physikalische Vorgänge so ab, als wenn kein Gravitationsfeld vorhanden sei. Dies bedeutet, es gelten die Gesetze der Speziellen Relativitätstheorie wie in einem Inertialsystem.

---

[17]Eine ausführliche Diskussion des Mach'schen Prinzip mit dem berühmten Eimer-Gedankenexperiment und dem Einfluss auf Einsteins Gravitationstheorie liefert [PAI 09, Kap. 15e].

[18]Innerhalb der Physik gibt es eine Diskussion, ob dieses Ableiten des starken Äquivalenzprinzips aus dem schwachen in einer konsistenten Theorie zulässig ist [FLI 12a, S. 51].

[19]Der Satellit rotiere nicht um sich selbst, um weitere Effekte auszuschließen [FLI 12a, S. 51].

Wichtig ist hier die Formulierung **wie** in einem Inertialsystem, denn der Satellit ist sicherlich kein Inertialsystem, da er sich relativ zum Fixsternhimmel bewegt. Nach Definition kann also kein globales Inertialsystem vorliegen. Wir nennen den Satelliten daher Lokales Inertialsystem (kurz: LIS).

Nun können wir eine Formulierung des starken Äquivalenzprinzip finden, die sich auf Lokale Inertialsysteme bezieht:

In einem Lokalen Inertialsystem gelten die Gesetze der Speziellen Relativitätstheorie.

Im thematisierten Satelliten heben sich Gravitations- und Trägheitskräfte auf. Genau genommen gilt dies jedoch nur für den Schwerpunkt des Systems.

Schlussfolgerungen aus dem Äquivalenzprinzip

Beschäftigen wir uns nun mit der Frage nach den Auswirkungen des Äquivalenzprinzips auf die Gravitationstheorie. In unserer Betrachtung haben wir das theoretische Konstrukt des IS durch Lokale Inertialsysteme ersetzt, wodurch auch beschleunigte Bezugssysteme zugelassen sind. Die Bewegung eines Körpers in einem Gravitationsfeld ist analog zur Bewegung in einem beschleunigten Bezugssystem zu betrachten.

Aufbauend auf dem Relativitätsprinzip erweitern wir die Aussage auf ein allgemeines Relativitätsprinzip. In der Diskussion der SRT haben wir eingesehen, dass die Gesetze als Lorentz-Tensorgleichungen aufgeschrieben werden müssen. So ist garantiert, dass sie in allen IS gelten. Durch die Hinzunahme von beschleunigten Bezugssystemen sind in der Allgemeinen Relativitätstheorie allgemeine Koordinatentransformationen zugelassen. Die Lorentz-Transformationen müssen also durch allgemeine Koordinatentransformationen ersetzt werden. Diese nicht-linearen Transformationen verändern den mathematischen Aufwand entscheidend. Die Forderung der Kovarianz bezüglich allgemeiner Koordinatentransformationen nennt man Kovarianzprinzip und wird eine zentrale Anforderung an neue Feldgleichungen darstellen. Die Feldgleichungen müssen als Tensorgleichungen formuliert werden.

Mithilfe des Äquivalenzprinzips können wir relativistische Gesetze unter Einwirkung der Gravitation aufstellen. Unter der Voraussetzung, dass wir das entsprechende Gesetz in der SRT kennen, können wir das relativistische Gesetz konstruieren. Dazu müssen wir dieses Gesetz, welches in einem LIS gilt, zum Beispiel unserem Satelliten im Gravitationsfeld der Erde, mit einer Koordinatentransformation in ein anderes Bezugssystem (im Beispiel möglicherweise die Erdoberfläche) übertragen. Im Abschnitt 6.3 kommen wir auf diese Methode zurück, nachdem wir die mathematischen Grundlagen erarbeitet haben.

Ist das betrachtete Gravitationsfeld inhomogen, so ist das Wegtransformieren des Gravitationsfeldes nur lokal in jedem einzelnen Punkt möglich. Jeder Punkt erhält dann seine eigene Koordinatentransformation. Dies hat Auswirkungen auf die Metrik, wie wir im nächsten Abschnitt diskutieren werden.

4.3 Allgemeine Koordinatentransformationen und beschleunigte Bezugssysteme

Durch das Äquivalenzprinzip sind nicht nur IS, sondern auch beschleunigte Bezugssysteme zugelassen. Dies führt uns von den Lorentz-Transformationen zu allgemeinen Koordinatentransformationen. Als eine der zentralen Größen der SRT haben wir das Minkowski-Wegelement (3.11) ausgemacht. Der metrische Tensor $\eta_{\alpha\beta}$ (3.12) ist dabei eine invariante Größe, d.h. er hat in allen IS dieselbe Form. Ist kein Gravitationsfeld vorhanden, können wir diese Verwendung für den gesamten Raum übernehmen. Ist jedoch ein Gravitationsfeld vorhanden, können wir nur LIS angeben. Das LIS in einem Punkt P ist relativ zu einem LIS im benachbarten Punkt Q beschleunigt. Die Folgerung aus dieser Beschleunigung ist eine nicht-lineare Koordinatentransformation zwischen dem LIS in P (mit den Koordinaten x^ν) und dem LIS in Q (mit den Koordinaten x'^μ):

$$x^\nu = x^\nu(x'^0, x'^1, x'^2, x'^3) = x^\nu(x'). \tag{4.7}$$

Die Transformationsmatrizen erhalten wir dann durch die Betrachtung der Koordinatendifferentiale. Wir benennen die Matrix, welche den Zusammenhang von dx^ν und dx'^μ angibt, mit $\alpha^\mu_\nu(\mathrm{x})$:

$$dx'^\mu = \frac{\partial x'^\mu}{\partial x^\nu}dx^\nu, \quad dx^\mu = \frac{\partial x^\mu}{\partial x'^\nu}dx'^\nu, \tag{4.8}$$

$$\alpha^\mu{}_\nu(x) := \frac{\partial x'^\mu}{\partial x^\nu}, \quad \alpha_\nu{}^\mu(x') := \frac{\partial x^\mu}{\partial x'^\nu}. \tag{4.9}$$

Verwenden wir allgemeine Koordinaten, werden wir im Folgenden die griechischen Indizes $\mu, \nu, \ldots$ verwenden, um die verwendeten

Größen von denen im Minkowski-Raum zu unterscheiden, bei denen
die Indizes $\alpha, \beta, \ldots$ verwendet werden. In einem realen inhomogenen
Gravitationsfeld gilt die relative Beschleunigung wohlgemerkt in jedem Punkt.

Was folgt daraus für den metrischen Tensor? Wir setzen die Koordinatentransformation (4.8) in das Wegelement (3.11) ein und erhalten

$$ds^2 = \eta_{\alpha\beta} dx^\alpha dx^\beta$$

$$= \eta_{\alpha\beta} \frac{\partial x^\alpha}{\partial x'^\mu} dx'^\mu \frac{\partial x^\beta}{\partial x'^\nu} dx'^\nu. \tag{4.10}$$

Durch einen Koeffizientenvergleich mit dem allgemeinen Wegelement
(3.11) erhalten wir einen allgemeineren Ausdruck für den metrischen
Tensor, der nicht auf den Minkowski-Raum beschränkt ist:

$$g_{\mu\nu}(x) = \eta_{\alpha\beta} \frac{\partial x^\alpha}{\partial x'^\mu} \frac{\partial x^\beta}{\partial x'^\nu}. \tag{4.11}$$

Da der Minkowski-Tensor $\eta_{\alpha\beta}$ symmetrisch ist, siehe (3.14), ist
auch $g_{\mu\nu}$ symmetrisch:

$$g_{\mu\nu} = g_{\nu\mu}. \tag{4.12}$$

Aus dieser Symmetrie folgt, dass nur zehn der 16 Komponenten
des metrischen Tensors unabhängig sind. Diese zehn Unbekannten
sind durch eine Transformation von vier Koordinaten nicht eindeu-
tig zu bestimmen. Wir können also immer noch die Koordinaten frei
wählen. Wenn wir unsere Koordinaten der Symmetrie des Problems
anpassen, so werden sich viele Rechnungen erleichtern. Wir werden im
Abschnitt 5.3 den Tensor aus einer anderen Perspektive betrachten.

4.4 Die Krümmung der Raum-Zeit

Der metrische Tensor $g_{\mu\nu}$ in einem Gravitationsfeld ist in jedem Punkt explizit vom betrachteten Punkt abhängig. Wir sprechen dann auch von Koordinatenabhängigkeit. Vom metrischen Tensor schließen wir auf das Wegelement ds^2. Auch die Raum-Zeit ist folglich koordinatenabhängig. Wenn die Abstände in Raum und Zeit nicht konstant sind, müssen wir von einer gekrümmten Raum-Zeit ausgehen. Den an dieser Stelle noch intuitiv verwendeten Begriff der Raum-Zeit werden wir in Kapitel 5 ausführlich diskutieren.

Jetzt kann der Leser vermutlich schon erahnen, warum eine Gravitationstheorie komplizierte mathematische Objekte benötigt. Wir müssen die physikalischen Gesetze in einer gekrümmten Raum-Zeit aufstellen.[20] Allerdings ist diese andere Sichtweise der Gravitation als eine geometrische Theorie, die die Wechselwirkung als Krümmung der Raum-Zeit beschreibt, qualitativ anschaulich verständlich und gewissermaßen eine faszinierende Sichtweise.

Als Beispiel für die Anschaulichkeit betrachten wir die Planetenbahnen im Sonnensystem. Nach Newton existiert eine abstrakte Kraft zwischen der Sonne und dem Planeten, die den Planeten auf seiner Bahn hält. Durch das Äquivalenzprinzip und die gekrümmte Raum-Zeit wird das Phänomen anders beschrieben. Die Planeten bewegen sich im freien Fall auf der kürzesten Bahn um die Sonne. Die kürzeste Bahn ist durch die Geometrie des Gravitationsfeldes der Sonne eine Ellipse [RYD 09, Kap. 1.3].

---

[20] Auch die meisten Alternativen zu Einsteins Theorie basieren auf dem Äquivalenzprinzip. Deshalb verwenden sie ebenfalls eine gekrümmte Raum-Zeit [PK 06, Kap. 12.16].

Intrinsische Raumkrümmung

Die mathematische Beschreibung der gekrümmten Raum-Zeit werden wir im nächsten Kapitel ausführlich diskutieren. Vorweg ein paar Überlegungen zu gekrümmten Oberflächen.

Da die Anschaulichkeit eines in einem fünfdimensionalen Raum eingebetteten, vierdimensionalen Raumes nicht gegeben ist, beschränken wir unsere Diskussion auf Oberflächen im dreidimensionalen Raum. Als Oberfläche bezeichnet der Mathematiker einen zweidimensionalen Unterraum, der in den dreidimensionalen Raum eingebettet ist [JAE 02, Kap. 27]. Wir unterscheiden zwischen intrinsischer und extrinsischer Krümmung. Für intrinsisch gekrümmte Oberflächen können wir die Krümmung ohne die Einbettung in den dreidimensionalen Raum feststellen. Diese Möglichkeit ist für die Gravitationstheorie von Bedeutung, da es sich bei der Raum-Zeit um einen vierdimensionalen Raum handelt. Es ist schwierig sich die Einbettung eines vierdimensionalen Raumes in den fünfdimensionalen Raum vorzustellen. Vielmehr möchten wir die Krümmung direkt aus intrinsischen Eigenschaften bestimmen.

Stellen wir uns nun eine Ebene, eine Kugeloberfläche und einen Sattel im dreidimensionalen Raum vor. Die Ebene ist nicht gekrümmt, die Krümmung der Kugeloberfläche nennen wir positiv, die des Sattels negativ. Zeichnen wir nun einen Kreis auf die drei Oberflächen,[21] so ist es uns möglich die drei Typen der Oberflächenkrümmung am Flächeninhalt und am Kreisumfang festzustellen. In der Ebene beträgt der Umfang $C = 2\pi r$ und der Flächeninhalt $A = \pi r^2$. Dies

---

[21] Ein Kreis ist die Menge aller Punkte auf der Oberfläche, die von einem gegebenen Punkt denselben Abstand r haben. Dazu sei dem Leser [RYD 09, Kap. 1.4] empfohlen.

verknüpfen wir mit einer Krümmung Null, denn die Ebene ist offensichtlich flach. Die Benennung positive Krümmung für die Kugeloberfläche ist nun dadurch motiviert, dass $C < 2\pi r$ und $A < \pi r^2$ gelten. Die negative Krümmung folgt analog durch die umgekehrten Relationen $C > 2\pi r$ und $A > \pi r^2$. Wir messen zur Bestimmung der intrinsischen Krümmung Kreisumfang und Kreisfläche. Aus diesem Grund spielt der Abstandsbegriff eine wichtige Rolle. Der Abstand ist mit der Metrik verknüpft, durch die wir, wie wir später diskutieren werden, intrinsische Krümmung feststellen können.

Als weitere Möglichkeit einen gekrümmten Raum von einem flachen Raum zu unterscheiden, wählen wir drei Punkte im Raum und verbinden diese zu einem Dreieck. Nun messen wir die Winkel. Ist die Winkelsumme ungleich 180° so kann der Raum nicht flach sein.[22]

Ein Beispiel für eine extrinsisch gekrümmte Oberfläche ist ein Zylinder. Auf der Mantelfläche können wir einen Kreis zeichnen, der die intrinsische Krümmung Null aufweist.[23] Die augenscheinliche Krümmung, die erst durch die Betrachtung im dreidimensionalen Raum wahrnehmbar ist, nennen wir entsprechend extrinsische Krümmung.

---

[22] Im Lehrbuch von Weinberg [WEI 72, Kap.1] wird dies sehr anschaulich an einer Karte von J.R.R Tolkins fiktiver Welt Mittelerde dargestellt.
[23] Ein Zylindermantel entsteht, wenn die gegenüberliegenden Kanten eines Rechtecks zusammengeklebt werden [RYD 09, S.15].

5 Mathematische Grundlagen der gekrümmten Raum-Zeit

Einsteins Allgemeine Relativitätstheorie ist eine geometrische Theorie. Die Gravitationskraft äußert sich als Krümmung der Raum-Zeit. Wollten wir die Allgemeine Relativitätstheorie auf ihre wesentlichen Grundlagen zusammenfassen, so müsste eine Kurzversion in jedem Fall die gekrümmte Raum-Zeit und die Einstein'schen Feldgleichungen enthalten. Die Einstein'schen Feldgleichungen lauten, wie wir im Kapitel 7 einsehen werden:

$$R_{\mu\nu} - \frac{R}{2}g_{\mu\nu} = -\frac{8\pi G}{c^4}T_{\mu\nu}. \qquad (5.1)$$

Die Krümmung der Raum-Zeit zeigt sich dabei in den verwendeten Tensoren. Bevor wir die Feldgleichungen verstehen und interpretieren können, müssen zunächst einige mathematische und physikalische Vorgehensweisen erläutert werden. Dies stellt eine mühsame Aufgabe dar. Aber durch die spätere Möglichkeit der Beschreibung der Raum-Zeit, wird die Diskussion sich als lohnend erweisen.

Das folgende Kapitel hat somit das Ziel, die Grundlagen, die für das Aufstellen, Verwenden und Interpretieren der Feldgleichungen benötigt werden, in verständlicher Weise herauszuarbeiten. Wie bereits in der Einleitung erwähnt, wird die Darstellung in Koordinaten der Darstellung durch differentialgeometrische Objekte, wie 1-Formen, vorgezogen.[1]

Aus didaktischen Gründen werden wir zum Ende jedes Unterkapitels den Inhalt des Kapitels an rechnerischen Beispielen nachvollziehen. Durch diese anschaulichen Beispiele sollen die abstrakten Objekte mit Leben gefüllt werden.

5.1 Die differenzierbare Mannigfaltigkeit

Welches mathematische Konstrukt ermöglicht uns die korrekte Beschreibung der gekrümmten Raum-Zeit? Unsere bisherigen Erkenntnisse über die Raum-Zeit sollen uns dabei durch das komplexe Gebiet leiten. Für die weitere Argumentationsstruktur in dieser Arbeit reicht ein reduzierter Überblick aus. Eine mathematisch exakte Formulierung der in diesem Abschnitt angeschnittenen Themen kann in [OLO 13, Kap. 1 und 2] oder [CAR 13, Kap. 2] vertieft werden.

Die Raum-Zeit wird durch eine differenzierbare Mannigfaltigkeit korrekt beschrieben. Unsere Diskussion orientiert sich im Folgenden an [RYD 09, Kap. 3] und [FN 13, Kap. 1.7 ff]. Wir gehen von einem einfachen Ansatz aus, den wir dann Schritt für Schritt erweitern und berichtigen, indem wir unsere bereits gewonnenen Erkenntnisse nacheinander einfließen lassen.

In einem ersten naiven Ansatz ist die Raum-Zeit durch das kartesische Produkt[2] dreier Raum- und einer Zeitdimension gegeben. Ein Punkt im vierdimensionalen Raum ist dann als Ereignis (t, x, y, z) in der Raum-Zeit zu interpretieren. Die Diskussion des Relativitäts-

---

[1] Eine Einführung in die Allgemeine Relativitätstheorie mithilfe von Differentialgeometrie findet sich beispielsweise im Lehrbuch [OLO 13].

[2] Das kartesische Produkt für n Komponenten $A_1 \times \ldots \times A_n$ ist als die Menge aller n-Tupel $(a_1, \ldots, a_n)$ mit $a_j \in A_j$ für $j = 1, \ldots, n$ definiert [ZEI 12, 4.3].

prinzips zeigt allerdings, dass eine Bewegung vom Punkt A zu Punkt B im Raum von zwei verschiedenen Beobachtern (ruhend und mitbewegt) verschieden wahrgenommen wird. Für den mitbewegten Beobachter bleibt der Punkt gleich. Ein ruhender Beobachter jedoch sieht A und B als verschiedene Punkte im Raum. Die Punkte im Raum müssen also als Äquivalenzklassen[3] von Punkten bezüglich der Galilei-Transformationen interpretiert werden.

Bei der Diskussion der Speziellen Relativitätstheorie wurde die Gruppe der Transformationen zur Lorentz-Gruppe[4] erweitert. Raum und Zeit sind nun nicht mehr absolut.

Durch das starke Äquivalenzprinzip wiederum ergibt sich, dass die Raum-Zeit gekrümmt ist. Hier tritt ein Problem auf, welches uns auf die mathematische Struktur der differenzierbaren Mannigfaltigkeit führt. Das Problem betrifft die Beschreibung der Raum-Zeit durch einheitliche Koordinaten. Sie ist in einer gekrümmten Raum-Zeit global nicht immer möglich.

Als illustratives Beispiel betrachten wir eine Kugelberfläche im $\mathbb{R}^3$. Wir können diese Oberfläche durch ein einziges Koordinatensystem nicht vollständig beschreiben. Wählen wir als Koordinaten die beiden Winkel (Θ, Φ) (siehe auch Anhang ??), so kann der Nordpol nicht injektiv durch Θ und Φ abgebildet werden. Wir brauchen also ein zweites Koordinatensystem (Θ', Φ'). Dieses System ist ähnlich definiert, nur wird diesmal der Südpol nicht abgebildet. Betrachten wir beide Systeme zusammen, können wir die gesamte Kugeloberfläche beschreiben.

---

[3] Eine Diskussion von Äquivalenzklassen ist in [LP 13, Kap. 20.2] zu finden.

[4] Das sind diejenigen Transformationen, die das Wegelement (3.11) invariant lassen. Eine ausführliche Diskussion der Lorentz-Gruppe befindet in [SCH 13a, Kap.4.4].

Das verallgemeinerte mathematische Objekt, das die Raum-Zeit dann beschreibt, ist eine differenzierbare Mannigfaltigkeit. Die Transformationen zwischen den Koordinatensystemen werden auch Karten genannt. Wichtig ist, dass in den Überlappungsgebieten beider Karten eine Transformation zwischen den Koordinatensystemen angegeben werden kann. In einem inhomogenen Gravitationsfeld kann es durchaus nötig sein, die Umgebungen verschiedener Punkte durch eigene, sprich unterschiedliche, Karten anzugeben.

Dem Weg von [FN 13, Kap. 1.7] folgend, betrachten wir differenzierbare N-dimensionale Mannigfaltigkeiten genauer, indem wir die mathematische Begriffsbildung stückweise entziffern, ohne den Begriff formal mathematisch einzuführen.[5] Ein N-dimensionales Objekt bedeutet, dass wir die Raum-Zeit als eine Mannigfaltigkeit durch N Koordinaten $x^1, x^2, \ldots, x^N$ beschreiben müssen. Wir gehen im Folgenden wieder von $N = 4$ (drei Raum- und eine Zeitrichtung) aus. Die Zeitrichtung geben wir als die 0-te Komponente an.

Wir haben bereits festgestellt, dass in den Überlappungsgebieten zweier Koordinatensysteme x^μ und x'^ν eine Transformation existieren muss, die die Koordinatensysteme ineinander überführt:

$$x'^\nu = x'^\nu(x^0, x^1, x^2, x^3), \tag{5.2}$$

$$x^\mu = x^\mu(x'^0, x'^1, x'^2, x'^3). \tag{5.3}$$

Diese Funktionen sollten differenzierbar sein, wie es die Benennung differenzierbare Mannigfaltigkeit impliziert.

---

[5] Dies ist im Rahmen dieser Arbeit nicht nötig. Eine formal exakte Definition ist in [OLO 13, Kap. 1] gegeben.

Es existieren also alle partiellen Ableitungen $\frac{\partial x'^\mu}{\partial x^\nu}$ und $\frac{\partial x^\nu}{\partial x'^\mu}$. Die Transformationsmatrix ist dann die Jacobi-Matrix

$$\alpha^\mu{}_\nu(x) = \left(\frac{\partial x'^\mu}{\partial x^\nu} \right). \tag{5.4}$$

Diese Matrix, welche umkehrbar sein muss, hatten wir bereits bei der Diskussion allgemeiner Koordinatentransformationen eingeführt (vgl. (4.9)).

Ein erster Schritt ist damit erreicht. Wir können nun eine gekrümmte Raum-Zeit durch eine differenzierbare Mannigfaltigkeit beschreiben. Wegen des Kovarianzprinzips muss es unser Ziel sein die Feldgleichungen als Tensorgleichungen zu formulieren. Wir haben bereits Tensoren im Minkowski-Raum betrachtet. Die Komponenten eines Tensors transformieren wie die Komponente eines Vektors. Wir müssen also zunächst Vektoren auf Mannigfaltigkeiten diskutieren, bevor wir Tensoren thematisieren können.

Tangentialraum

Auf einer Mannigfaltigkeit ist es nicht möglich die anschauliche Definition eines Vektors als Verbindung zweier Punkte zu übernehmen. Wir müssen stets in der Mannigfaltigkeit bleiben, wodurch die Vektorraumeigenschaften verloren gehen. Vielmehr können wir Vektorräume wieder nur in jedem einzelnen Punkt auf der Mannigfaltigkeit definieren.[6]

Betrachten wir das Beispiel einer zweidimensionalen Oberfläche.

---

[6] Problematisch ist die Krümmung für die Definition der Ableitung. Wir benötigen eine Ebene zur korrekten Beschreibung. Dies wird mit dem Anlegen einer Tangentialebene erreicht [ZEI 12, Kap. 3.3].

Um einen physikalischen Kontext zu liefern, wollen wir nun die Windgeschwindigkeit an einem Punkt P auf der Oberfläche angeben [HEL 06, Kap 3.2]. Der Wind wehe tangential über die Oberfläche. Wir legen also eine Tangentialebene im Punkt P an unsere Oberfläche an. In einer Ebene können wir dann die bekannte Vektorraumstruktur definieren.

Der Leser überzeuge sich, dass zwei verschiedene Punkte P und Q auch zwei unterschiedliche Tangentialräume besitzen können. Es ist also nicht möglich Vektoren an zwei verschiedenen Punkten der Mannigfaltigkeit zu addieren. Halten wir fest: Wir können in jedem Punkt an die Mannigfaltigkeit einen Tangentialraum anlegen. In diesem Tangentialraum können wir Vektoren definieren.

Die kovarianten Komponenten eines Vektors charakterisieren wir über

$$v = v_i\, e^i. \tag{5.5}$$

Der Vektor ist durch eine Basis e^i ausgedrückt. Was sind die Basisvektoren im Tangentialraum? Es mag verblüffend erscheinen, dass wir sie als Richtungsableitungen identifizieren können:[7]

$$e^i(x) = \frac{\partial}{\partial x_i}. \tag{5.6}$$

Ein kovariantes Vektorfeld führen wir mit

$$v(x) = v_i(x)\, e^i(x) \tag{5.7}$$

ein.

Wir erhalten kontravariante Komponenten eines Vektors mithilfe

---

[7] Die Begründung kann in [JAE 02, Kap. 28.1] nachvollzogen werden.

des metrischen Tensors (4.11):

$$g^{ki} \, v_i = v^k. \tag{5.8}$$

Die kontravarianten Vektoren sind keine Objekte des Tangentialraumes, sondern des Kotangentialraumes. Die Details dieses mathematischen Unterschieds werden wir nicht betrachten.[8]

Transformationsverhalten

Für unsere Diskussion ist es wichtiger das Transformationsverhalten der Vektoren anzugeben. Analog zum Vorgehen in der speziellen Relativitätstheorie legen wir nun die Definition der kovarianten bzw. der kontravarianten Komponenten eines Vektors über das Verhalten unter einer Koordinatentransformation fest. Wir ersetzen dabei die Transformationsmatrix der Lorentz-Transformationen Λ durch die Matrizen unserer allgemeinen Koordinatentransformationen auf der Mannigfaltigkeit (5.4):

$$A'^{\mu} = \alpha^{\mu}{}_{\nu} \, A^{\nu}, \tag{5.9}$$

$$A'_{\mu} = \alpha_{\mu}{}^{\kappa} \, A_{\kappa}. \tag{5.10}$$

Beispiel $\mathbb{R}^3$

Wir rekapitulieren die Aussagen am Beispiel des $\mathbb{R}^3$ als differenzierbare Mannigfaltigkeit. Diese Mannigfaltigkeit zeichnet sich dadurch aus, dass sie durch eine einzige Karte, z.B. die kartesischen Koordinaten beschrieben werden kann. Wir könnten allerdings auch Kugel-

---

[8] Eine Diskussion des Kotangentialraumes findet sich in [RYD 09, Kap. 3].

koordinaten einführen und den $\mathbb{R}^3$ mit dieser Karte betrachten. Im Überlappungsgebiet der Karten (in diesem Fall der gesamte Raum) geben wir die bekannten Transformationen zwischen kartesischen und Kugelkoordinaten an. An dieser Stelle wollen wir aber explizit die Transformationsmatrix für die Transformation von Kugelkoordinaten x' zu kartesischen Koordinaten x angeben:

$$\alpha^i{}_k(x) = \frac{\partial x'^i}{\partial x^k} = \begin{pmatrix} \sin\Theta\cos\Phi & r\cos\Theta\cos\Phi & -r\sin\Theta\sin\Phi \\ \sin\Theta\sin\Phi & r\cos\Theta\sin\Phi & r\sin\Theta\cos\Phi \\ \cos\Theta & -r\sin\Theta & 0 \end{pmatrix}.$$

Konstruieren wir abschließend den Tangentialraum des $\mathbb{R}^3$. Es ist der $\mathbb{R}^3$ selbst als Vektorraum aufgefasst.

5.2 Der Riemann'sche Raum

Um Gravitation in der Allgemeinen Relativitätstheorie zu beschreiben, reicht die Betrachtung einer Mannigfaltigkeit nicht aus. Es wird zusätzlich eine Metrik benötigt, um physikalische Aussagen zu treffen. Erst durch eine Metrik kann in der Raum-Zeit als Mannigfaltigkeit vom Abstand gesprochen werden [SCHR 11, Kap. 5]. Wir haben schon in der Diskussion der SRT gesehen, dass der Abstand invariant unter Transformationen sein soll.

Im Kapitel der SRT haben wir das Minkowski-Wegelement (3.11) eingeführt. Die Matrix $\eta_{\alpha\beta}$ ist der metrische Tensor im Minkowski-Raum. Gehen wir über zur allgemeineren Betrachtung krummliniger Koordinaten, müssen wir auch das Wegelement anpassen. Wir haben bereits gesehen, dass die Angabe von Koordinaten einer Mannigfaltigkeit an unterschiedlichen Punkten verschieden ist. Auch das Wegelement wird nun koordinatenabhängig sein. Der Abstand innerhalb eines inhomogenen Gravitationsfeldes hängt also vom Punkt in der Raum-Zeit ab, an dem der Abstand gemessen werden soll.[9]

Die Definition des Wegelements soll allerdings in ihrer Form eines Tensors zweiter Stufe erhalten bleiben:

$$ds^2 \equiv \sum_{\mu,\nu=0}^{3} g_{\mu\nu}(x)dx^\mu dx^\nu. \tag{5.11}$$

Im Gegensatz zum metrischen Tensor im Minkowski-Raum, $\eta_{\alpha\beta}$, sind die Komponenten der Matrix nun nicht konstant, sondern explizit vom Punkt in der Raum-Zeit abhängig. Der metrische Tensor $g_{\mu\nu}$ ist ein Tensor mit zwei kovarianten Indizes und symmetrisch bei Vertauschung der Indizes. Den Beweis dieser Aussage führen wir im Abschnitt 5.3 durch.

Eine Mannigfaltigkeit, bei der auf jedem Tangentialraum ein metrischer Tensor wie in (5.11) existiert, der die Länge von Vektoren definiert, nennen wir Riemann'sche Mannigfaltigkeit oder auch den Riemann'schen Raum.[10]

Eine zusätzliche Bedingung an das metrische Tensorfeld $g_{\mu\nu}(x)$ soll sein, dass es genügend oft differenzierbar und nichtsingulär (d.h. $\det(g_{\mu\nu}) \neq 0$) ist [SCHR 11, Kap. 5.1].

Der Riemann'sche Raum als allgemeines Objekt umfasst den Spezialfall des Minkowski-Raums mit dem metrischen Tensor $\eta_{\alpha\beta}$. Ein anderes Beispiel ist die zweidimensionale Kugeloberfläche, die uns ab

---

[9] Die Abstandsmessung ist durch ein Skalarprodukts definiert [LP 13, Kap. 12.2.3].

[10] Genau genommen müssten wir von einer pseudo-Riemann'schen Mannigfaltigkeit sprechen, da die Metrik (4.11) nicht positiv definit ist [BMW 15, Kap. 11].

sofort durch das Kapitel begleitet. Wir können auf der Kugel einen metrischen Tensor definieren. Der metrische Tensor ist Gegenstand der Diskussion in einem folgenden Abschnitt.

Tensoren im Riemann'schen Raum

Zunächst übertragen wir die Aussagen aus Abschnitt 3.3 auf den Riemann'schen Raum. Wir untersuchen Tensoren und ihr Verhalten unter allgemeinen Koordinatentransformationen. Die Lorentz-Transformationen Λ sind koordinatenunabhängig, was für allgemeine Koordinatentransformationen auf einer Mannigfaltigkeit nicht gilt.

Es ist wichtig zu bemerken, dass sich das Wegelement bei einer Transformation der Koordinaten nicht verändern darf [FLI 12a, Kap. 14]. Aus einer Ebene kann durch eine Koordinatentransformation keine Kugeloberfläche werden. Dies würde die Mannigfaltigkeit selbst ändern. Eine Koordinatentransformation ändert lediglich die Koordinaten, die die Objekte auf der Mannigfaltigkeit beschreiben. Dieselben Gesetze werden gewissermaßen in einer anderen Sprache ausgedrückt. Die ,,Physik" ändert sich dabei nicht.

Um diese Aussage formal zu zeigen, betrachten wir, wie sich das Wegelement (5.11) unter Koordinatentransformation von x^μ nach x'^ρ verhält:

$$ds^2 = g_{\mu\nu}(x)\, dx^\mu\, dx^\nu \stackrel{(4.9)}{=} g_{\mu\nu}(x(x'))\, \alpha_\rho{}^\mu(x')\, \alpha_\sigma{}^\nu(x')\, dx'^\rho\, dx'^\sigma$$

$$= g'_{\rho\sigma}(x')\, dx'^\rho\, dx'^\sigma. \tag{5.12}$$

Das Wegelement ist kovariant. Der metrische Tensor wird mit

$$g'_{\rho\sigma} = \alpha_\rho{}^\mu\, \alpha_\sigma{}^\nu\, g_{\mu\nu} \quad \text{und} \quad g_{\mu\nu} = \alpha^\rho{}_\mu\, \alpha^\sigma{}_\nu\, g'_{\rho\sigma} \tag{5.13}$$

transformiert. Ein Tensor ist über sein Transformationsverhalten definiert. Die Transformation muss wie die Komponente eines Vektors geschehen. Die Transformation von Vektorkomponenten haben wir in Gleichung (5.10) festgehalten.

Streng genommen müssten wir von ko- und kontravarianten Komponenten eines Vektors sprechen. Für die Transformationsmatrizen $\alpha^\mu{}_\nu$ und $\alpha_\rho{}^\nu$ gilt nach Definition:

$$\alpha^\mu{}_\nu \, \alpha_\rho{}^\nu = \delta^\mu_\rho. \tag{5.14}$$

Somit erhalten wir für die Ableitung

$$\frac{\partial(\alpha^\mu{}_\nu \, \alpha_\rho{}^\nu)}{\partial x'^\kappa} = 0 \Rightarrow \frac{\partial \alpha_\rho{}^\nu}{\partial x'^\kappa} \, \alpha^\mu{}_\nu = -\frac{\partial \alpha^\mu{}_\nu}{\partial x'^\kappa} \, \alpha_\rho{}^\nu. \tag{5.15}$$

Dieser Zusammenhang wird in einer späteren Rechnung noch von Bedeutung sein.

Zusammenfassend zu Tensoren im Riemann'schen Raum geben wir die allgemeine Definition eines Tensors n-ter Stufe an, welche mit der Definition im Abschnitt 3.3 übereinstimmt. Allerdings verwenden wir nun Vektoren im Riemann'schen Raum, anstelle von Vektoren im Minkowski-Raum.

Somit erfolgen die Transformationen mit $\alpha^\mu{}_\nu$ anstatt mit $\Lambda^\alpha{}_\beta$ [FLI 12a, Kap. 14]:

Ein Tensor n-ter Stufe ist eine n-fach indizierte Größe, die sich bezüglich jedes einzelnen Index wie die Komponente eines Vektors transformiert.

Für Tensoren mit Stufe größer Eins, die sich wie (5.10) transformieren, gilt also:

$$T'^{\mu_1\mu_2\cdots\mu_n} = \alpha^{\mu_1}{}_{\nu_1} \cdots \alpha^{\mu_n}{}_{\nu_n} T^{\nu_1\nu_2\cdots\nu_n}. \tag{5.16}$$

Eine nicht indizierte Größe, die invariant unter der Koordinaten-transformation ist, wird als Skalar bzw. Skalarfeld bezeichnet.

5.3 Der metrische Tensor

Die Metrik legt die zeitlichen und räumlichen Abstände fest.[11] Ebenso bestimmt sie die Bahnkurve von Teilchen, die sich in einem Gravitationsfeld bewegen, und sie legt die kausale Struktur der Raum-Zeit fest [GOE 96, Kap. 8.3].

Die Relevanz zeigt sich auch in den Einstein'schen Feldgleichungen. Deren Lösungen geben die Komponenten des metrischen Tensors $g_{\mu\nu}$ vor. Kennen wir alle seine Komponenten, so kennen wir die Geometrie der Raum-Zeit und können mit dem im Abschnitt 4.2 vorgestellten Verfahren physikalische Gesetze unter Einwirkung der Gravitation aufstellen. Wir werden im Kapitel 8 eine Lösung für den metrischen Tensor explizit berechnen. Die folgende Begriffsbildung orientiert sich am Lehrbuch [RYD 09, Kap. 3.8].

Zum besseren Verständnis der Einführung des neuen Objektes betrachten wir zunächst den $\mathbb{R}^2$. Wir können einen Vektor $\mathbf{v}$ in kartesischen Koordinaten $\mathbf{v} = (v_x, v_y) = (v^1, v^2)$ oder aber auch in Polarkoordinaten $\mathbf{v} = (v_r, v_\theta) = (v^1, v^2)$ ausdrücken.

---

[11] In der Fachliteratur wird der Begriff Metrik häufig synonym zum metrischen Tensor verwendet. Dies gilt insbesondere für die englischsprachige Literatur.

Mit einem Skalarprodukt, wie es uns aus der linearen Algebra bekannt ist,[12] können wir die Länge der Vektoren bestimmen [RYD 09, S. 79]. So lautet das bekannte Skalarprodukt in kartesischen Koordinaten:

$$\mathbf{v} \cdot \mathbf{v} = v_x^2 + v_y^2. \tag{5.17}$$

Wir führen nun eine neue skalare Größe ein, die die Länge repräsentiert. Das bekannte Ergebnis des Skalarproduktes darf sich dadurch nicht ändern. Mit dem zuvor diskutierten Wegelement sollte gelten:

$$\mathbf{v} \cdot \mathbf{v} =: g_{ik} v^i v^k \tag{5.18}$$

$$= g_{11} v^1 v^1 + g_{12} v^1 v^2 + g_{21} v^2 v^1 + g_{22} v^2 v^2. \tag{5.19}$$

Die Indizes nehmen in diesem speziellen Beispiel nur die Werte 1 und 2 an. Aus (5.19) können wir mit einem Koeffizientenvergleich die Komponenten von g_{ik} bestimmen und erhalten:

$$g_{ik} = \begin{pmatrix} 1 & 0 \\ 0 & 1 \end{pmatrix}. \tag{5.20}$$

Mit dem metrischen Tensor lassen sich dann allgemein Längen bzw. Abstände mit dem Wegelement bestimmen:

$$ds^2 = g_{ik} dx^i dx^k. \tag{5.21}$$

Als Nächstes wollen wir nun den metrischen Tensor in Polarkoordinaten transformieren.

---

[12] Die Länge eines Vektors zum Quadrat ist durch das Skalarprodukt des Vektors mit sich selbst gegeben [LP 13, Kap. 3.3].

Also wenden wir das Transformationsgesetz (4.9) an:

$$g'_{ij} = \frac{\partial x^m}{\partial x'^i} \frac{\partial x^n}{\partial x'^j} g_{mn}$$

$$g'_{11} = \frac{\partial x}{\partial r} \frac{\partial x}{\partial r} g_{11} + \frac{\partial y}{\partial r} \frac{\partial y}{\partial r} g_{22} = \cos^2 \Theta + \sin^2 \Theta = 1$$

$$g'_{12} = \frac{\partial x}{\partial r} \frac{\partial x}{\partial \Theta} g_{11} + \frac{\partial y}{\partial r} \frac{\partial y}{\partial \Theta} g_{22} = r \cos \Theta \sin \Theta - r \cos \Theta \sin \Theta = 0,$$

$$g'_{21} = \frac{\partial y}{\partial r} \frac{\partial y}{\partial \Theta} g_{22} + \frac{\partial x}{\partial r} \frac{\partial x}{\partial \Theta} g_{11} = -r \cos \Theta \sin \Theta + r \cos \Theta \sin \Theta = 0,$$

$$g'_{22} = \frac{\partial x}{\partial \Theta} \frac{\partial x}{\partial \Theta} g_{11} + \frac{\partial y}{\partial \Theta} \frac{\partial y}{\partial \Theta} g_{22} = r^2 \cos^2 \Theta + r^2 \sin^2 \Theta = r^2$$

$$\Rightarrow g'_{ij} = \begin{pmatrix} 1 & 0 \\ 0 & r^2 \end{pmatrix}.$$

Auf diese Weise können wir den metrischen Tensor auch in Räumen mit höherer Dimension als zwei in beliebigen Koordinaten bestimmen. So berechnen wir ihn auch im Minkowski-Raum, wo wir den metrischen Tensor $\eta_{\alpha\beta}$ genannt haben (siehe 3.12). Nun können wir auch dessen Transformation in Kugelkoordinaten (siehe Anhang B.2.3) leicht durchführen. Im Kapitel 8 werden wir dann aus den Feldgleichungen explizit einen metrischen Tensor bestimmen.

Eigenschaften des metrischen Tensors

Bereits zuvor haben wir in (4.12) gezeigt, dass der metrische Tensor symmetrisch ist. Wir folgern dies aus dem Zusammenhang mit $\eta_{\alpha\beta}$, (4.11), und der Symmetrie von $\eta_{\alpha\beta}$, (3.14).

Eine weitere Eigenschaft von $\eta_{\alpha\beta}$ übernehmen wir ebenfalls für allgemeine metrische Tensoren $g_{\mu\nu}$. Mit dem metrischen Tensor wird ein Vektor von kovarianter in kontravariante Schreibweise überführt.

Dieses Umformen funktioniert in beide Richtungen [FLI 12a, Kap. 14]:

$$V^\mu = g^{\mu\nu}V_\nu, \quad V_\mu = g_{\mu\nu}V^\nu. \tag{5.22}$$

Bisher hatten wir den metrischen Tensor nur mit zwei unteren Indizes betrachtet. Die inverse Matrix bezeichnen wir mit zwei Indizes oben $g^{\mu\nu}$:

$$g_{\mu\nu}{}^{-1} = g^{\mu\nu}. \tag{5.23}$$

Eine letzte nützliche Relation liefert die Multiplikation des metrischen Tensors beider Schreibweisen:

$$g^{\mu\nu}g_{\nu\lambda} = \delta^\mu_\lambda. \tag{5.24}$$

Für $\lambda = \mu$ erhalten wir dann mit Einstein'scher Summenkonvention

$$g^{\mu\nu}g_{\nu\mu} = \delta^\mu_\mu = 4. \tag{5.25}$$

Beispiel Kugelkoordinaten im $\mathbb{R}^3$

Wir haben nun einige neue Objekte definiert. Wie sehen diese konkret in Beispielen aus? Stellen wir uns zunächst den $\mathbb{R}^3$ vor. In kartesischen Koordinaten ergibt sich das Wegelement nach Euklid durch:

$$dl^2 = dx^2 + dy^2 + dz^2. \tag{5.26}$$

Der metrische Tensor ist in diesem Fall:

$$g_{ik} = g^{ik} = \delta^i_k = \begin{pmatrix} 1 & 0 & 0 \\ 0 & 1 & 0 \\ 0 & 0 & 1 \end{pmatrix}. \tag{5.27}$$

Der Raum lässt sich allerdings auch durch Kugelkoordinaten beschreiben. In diesem Fall wenden wir die Koordinatentransformation auf das Wegelement an. Dabei müssen wir nach der Kettenregel ableiten:

$$dl^2 = dx^2 + dy^2 + dz^2$$

$$= \left(\frac{\partial x}{\partial r}dr + \frac{\partial x}{\partial \Theta}d\Theta + \frac{\partial x}{\partial \Phi}d\Phi \right)^2$$

$$+ \left(\frac{\partial y}{\partial r}dr + \frac{\partial y}{\partial \Theta}d\Theta + \frac{\partial y}{\partial \Phi}d\Phi \right)^2$$

$$+ \left(\frac{\partial z}{\partial r}dr + \frac{\partial z}{\partial \Theta}d\Theta + \frac{\partial z}{\partial \Phi}d\Phi \right)^2$$

$$= (\sin \Theta \cos \Phi dr + r \cos \Theta \cos \Phi d\Theta - r \sin \Theta \sin \Phi d\Phi)^2$$

$$+ (\sin \Theta \sin \Phi dr + r \cos \Theta \sin \Phi d\Theta + r \sin \Theta \cos \Phi d\Phi)^2$$

$$+ (\cos \Theta dr - r \sin \Theta d\Theta)^2 .$$

Jetzt wenden wir die bekannte Gleichung $\sin^2 \alpha + \cos^2 \alpha = 1$ [LP 13, Kap. 2.3] konsequent mehrfach an. Der Term vereinfacht sich dann zu

$$dl^2 = dr^2 + r^2 d\Theta^2 + r^2 \sin^2 \Theta d\Phi^2. \qquad (5.28)$$

Nun können wir den metrischen Tensor des $\mathbb{R}^3$ in Kugelkoordinaten angeben:

$$g_{ik} = \begin{pmatrix} 1 & 0 & 0 \\ 0 & r^2 & 0 \\ 0 & 0 & r^2 \sin^2 \Theta \end{pmatrix}, \quad g^{ik} = \begin{pmatrix} 1 & 0 & 0 \\ 0 & r^{-2} & 0 \\ 0 & 0 & r^{-2} \sin^{-2} \Theta \end{pmatrix}.$$

$$(5.29)$$

Die kontravariante Schreibweise g^{ik} ergibt sich durch (5.23).

Beispiel Kugeloberfläche

Als weiteres Beispiel betrachten wir eine Kugeloberfläche im $\mathbb{R}^3$. Die Oberfläche einer Kugel mit dem konstanten Radius a kann durch die Winkel (Θ, Φ) beschrieben werden. Das Wegelement ist dann

$$dl^2 = a^2 d\Theta^2 + a^2 \sin^2 \Theta d\Phi^2 = a^2(d\Theta^2 + \sin^2 \Theta d\Phi^2). \tag{5.30}$$

Daraus können wir den metrischen Tensor ablesen:

$$g_{ik} = \begin{pmatrix} a^2 & 0 \\ 0 & a^2 \sin^2 \Theta \end{pmatrix}, \quad g^{ik} = \begin{pmatrix} a^{-2} & 0 \\ 0 & a^{-2} \sin^{-2} \Theta \end{pmatrix}. \tag{5.31}$$

5.4 Die Christoffel-Symbole

Nun haben wir mit den Tensoren im Riemann'schen Raum und dem metrischen Tensor zwei Bausteine der Feldgleichungen kennengelernt. Die Gleichungen (5.1) sind Tensorgleichungen, zu deren Lösung der metrischen Tensor, der die Gleichungen erfüllt, gesucht wird. Um die Tensoren der Feldgleichungen anzugeben, müssen wir noch zwei weitere Objekte einführen: Die Christoffel-Symbole in diesem und die kovariante Ableitung im nächsten Abschnitt. Wir orientieren uns bei der Diskussion am Lehrbuch von Fließbach [FLI 12a, Kap. 15].

Wir betrachten zwei Koordinatensysteme x^μ und ξ^μ.[13] Das Koordinatensystem ξ^μ sei kartesisch und hat deshalb ein Minkowski-Wegelement. Wir bestimmen zunächst den metrischen Tensor, der sich bei einer solchen Transformation zwischen den Koordinatensy-

---

[13] Die Notation ξ^μ anstatt x'^μ wird verwendet, um Verwechslungen vorzubeugen. Auch gibt es so keine Probleme beim späteren Transformieren der Christoffel-Symbole.

temen x^μ und ξ^μ ergibt. Durch Einsetzen der Transformation in das Wegelement $ds^2 = \eta_{\alpha\beta}d\xi^\alpha d\xi^\beta$ erhalten wir wie in (4.10):

$$ds^2 = \eta_{\alpha\beta}d\xi^\alpha d\xi^\beta = \eta_{\alpha\beta}\frac{\partial \xi^\alpha}{\partial x^\mu}dx^\mu\frac{\partial \xi^\beta}{\partial x^\nu}dx^\nu = g_{\mu\nu}dx^\mu dx^\nu$$

$$\Rightarrow g_{\mu\nu} = \eta_{\alpha\beta}\frac{\partial \xi^\alpha}{\partial x^\mu}\frac{\partial \xi^\beta}{\partial x^\nu}. \tag{5.32}$$

Die Christoffel-Symbole sind Objekte mit drei Indizes mit deren Hilfe sich später bestimmte Terme übersichtlicher gestalten lassen.[14] Die Definition entnehmen wir dem Lehrbuch [FLI 12a, Kap. 11] als

$$\Gamma^\kappa{}_{\mu\nu} = \frac{\partial x^\kappa}{\partial \xi^\rho}\frac{\partial^2 \xi^\rho}{\partial x^\mu \partial x^\nu}. \tag{5.33}$$

Die Christoffel-Symbole (5.33) stehen mit dem metrischen Tensor (5.32) in Zusammenhang. Sie sind proportional zu den partiellen Ableitungen des metrischen Tensors.

Diesen wichtigen Zusammenhang wollen wir nun exakt bestimmen. Dazu betrachten wir eine Kombination von ersten Ableitungen des metrischen Tensors. Wir wenden die Produktregel an und erhalten

---

[14] In [RYD 09, Kap. 3.9] werden die Christoffel-Symbole bei der Betrachtung der totalen Ableitung eingeführt.

somit sechs Terme:

$$\frac{\partial g_{\mu\nu}}{\partial x^\lambda} + \frac{\partial g_{\lambda\nu}}{\partial x^\mu} - \frac{\partial g_{\mu\lambda}}{\partial x^\nu} = \eta_{\alpha\beta}\frac{\partial^2\xi^\alpha}{\partial x^\lambda\partial x^\mu}\frac{\partial\xi^\beta}{\partial x^\nu} + \eta_{\alpha\beta}\frac{\partial\xi^\alpha}{\partial x^\mu}\frac{\partial^2\xi^\beta}{\partial x^\lambda\partial x^\nu}$$

$$+ \eta_{\alpha\beta}\frac{\partial^2\xi^\alpha}{\partial x^\mu\partial x^\lambda}\frac{\partial\xi^\beta}{\partial x^\nu} + \eta_{\alpha\beta}\frac{\partial\xi^\alpha}{\partial x^\lambda}\frac{\partial^2\xi^\beta}{\partial x^\mu\partial x^\nu}$$

$$- \eta_{\alpha\beta}\frac{\partial^2\xi^\alpha}{\partial x^\nu\partial x^\mu}\frac{\partial\xi^\beta}{\partial x^\lambda} - \eta_{\alpha\beta}\frac{\partial\xi^\alpha}{\partial x^\mu}\frac{\partial^2\xi^\beta}{\partial x^\nu\partial x^\lambda}$$

$$= 2\eta_{\alpha\beta}\frac{\partial^2\xi^\alpha}{\partial x^\mu\partial x^\lambda}\frac{\partial\xi^\beta}{\partial x^\nu}. \tag{5.34}$$

Nur der erste und der dritte Term heben sich nicht weg. Nun betrachten wir das Produkt des metrischen Tensors und der Christoffel-Symbole

$$g_{\nu\sigma}\Gamma^\sigma{}_{\mu\lambda} = \eta_{\alpha\beta}\frac{\partial\xi^\alpha}{\partial x^\nu}\frac{\partial\xi^\beta}{\partial x^\sigma}\frac{\partial x^\sigma}{\partial\xi^\gamma}\frac{\partial^2\xi^\gamma}{\partial x^\mu\partial x^\lambda}$$

$$= \eta_{\alpha\beta}\frac{\partial\xi^\alpha}{\partial x^\nu}\delta^\beta_\gamma\frac{\partial^2\xi^\gamma}{\partial x^\mu\partial x^\lambda} = \eta_{\alpha\beta}\frac{\partial\xi^\alpha}{\partial x^\nu}\frac{\partial^2\xi^\beta}{\partial x^\mu\partial x^\lambda}$$

$$\overset{(5.34)}{=} \frac{1}{2}\left(\frac{\partial g_{\mu\nu}}{\partial x^\lambda} + \frac{\partial g_{\lambda\nu}}{\partial x^\mu} - \frac{\partial g_{\mu\lambda}}{\partial x^\nu}\right). \tag{5.35}$$

Wir sind fast am Ziel, die Christoffel-Symbole in Abhängigkeit des metrischen Tensors und dessen Ableitung anzugeben. Mit der zu $g_{\mu\nu}$ inversen Matrix $g^{\mu\nu}$ können wir den metrischen Tensor auf die andere Seite der Gleichung bringen. Es ist also:

$$\Gamma^\kappa{}_{\lambda\mu} = \frac{g^{\kappa\nu}}{2}\left(\frac{\partial g_{\mu\nu}}{\partial x^\lambda} + \frac{\partial g_{\lambda\nu}}{\partial x^\mu} - \frac{\partial g_{\mu\lambda}}{\partial x^\nu}\right). \tag{5.36}$$

Eigenschaften der Christoffel-Symbole

Wenden wir uns nun den Eigenschaften der Christoffel-Symbole zu. Die Christoffel-Symbole sind symmetrisch in den unteren Indizes:

$$
\begin{aligned}
\Gamma^\kappa{}_{\lambda\mu} &= \frac{g^{\kappa\nu}}{2}\left(\frac{\partial g_{\mu\nu}}{\partial x^\lambda} + \frac{\partial g_{\lambda\nu}}{\partial x^\mu} - \frac{\partial g_{\mu\lambda}}{\partial x^\nu}\right) \\
&= \frac{g^{\kappa\nu}}{2}\left(\frac{\partial g_{\lambda\nu}}{\partial x^\mu} + \frac{\partial g_{\mu\nu}}{\partial x^\lambda} - \frac{\partial g_{\lambda\mu}}{\partial x^\nu}\right) = \Gamma^\kappa{}_{\mu\lambda}.
\end{aligned}
\tag{5.37}
$$

Als Nächstes berechnen wir, wie sich die Christoffel-Symbole unter einer Koordinatentransformation verhalten [FLI 12a]:

$$
\begin{aligned}
\Gamma^\kappa{}_{\lambda\mu} &= \frac{\partial x^\kappa}{\partial \xi^\nu}\frac{\partial^2 \xi^\nu}{\partial x^\lambda \partial x^\mu} \\
\Rightarrow \quad \Gamma'^\kappa{}_{\lambda\mu} &= \frac{\partial x'^\kappa}{\partial \xi^\nu}\frac{\partial^2 \xi^\nu}{\partial x'^\lambda \partial x'^\mu} \\
&= \frac{\partial x'^\kappa}{\partial x^\rho}\frac{\partial x^\rho}{\partial \xi^\nu}\frac{\partial}{\partial x'^\lambda}\left(\frac{\partial \xi^\nu}{\partial x^\omega}\frac{\partial x^\omega}{\partial x'^\mu}\right).
\end{aligned}
\tag{5.38}
$$

Nun wenden wir die Kettenregel des Differenzierens an:

$$
\begin{aligned}
\Gamma'^\kappa{}_{\lambda\mu} &= \frac{\partial x'^\kappa}{\partial x^\rho}\frac{\partial x^\rho}{\partial \xi^\nu}\left(\frac{\partial^2 \xi^\nu}{\partial x'^\lambda \partial x^\omega}\frac{\partial x^\omega}{\partial x'^\mu} + \frac{\partial^2 x^\omega}{\partial x'^\lambda \partial x'^\mu}\frac{\partial \xi^\nu}{\partial x^\omega}\right) \\
&= \frac{\partial x'^\kappa}{\partial x^\rho}\frac{\partial x^\rho}{\partial \xi^\nu}\left(\frac{\partial^2 \xi^\nu}{\partial x^\sigma \partial x^\omega}\frac{\partial x^\sigma}{\partial x'^\lambda}\frac{\partial x^\omega}{\partial x'^\mu} + \frac{\partial^2 x^\omega}{\partial x'^\lambda \partial x'^\mu}\frac{\partial \xi^\nu}{\partial x^\omega}\right) \\
&\overset{(5.14)}{=} \frac{\partial x'^\kappa}{\partial x^\rho}\frac{\partial x^\sigma}{\partial x'^\lambda}\frac{\partial x^\omega}{\partial x'^\mu}\frac{\partial x^\rho}{\partial \xi^\nu}\frac{\partial^2 \xi^\nu}{\partial x^\sigma \partial x^\omega} + \delta^\rho_\omega\frac{\partial x'^\kappa}{\partial x^\rho}\frac{\partial^2 x^\omega}{\partial x'^\lambda \partial x'^\mu} \\
&\overset{(5.33)}{=} \frac{\partial x'^\kappa}{\partial x^\rho}\frac{\partial x^\sigma}{\partial x'^\lambda}\frac{\partial x^\omega}{\partial x'^\mu}\Gamma^\rho{}_{\sigma\omega} + \frac{\partial x'^\kappa}{\partial x^\rho}\frac{\partial^2 x^\rho}{\partial x'^\lambda \partial x'^\mu} \\
&= \alpha^\kappa{}_\rho \alpha_\lambda{}^\sigma \alpha_\mu{}^\omega \Gamma^\rho{}_{\sigma\omega} + \alpha^\kappa{}_\rho \frac{\partial \alpha_\lambda{}^\rho}{\partial x'^\mu}.
\end{aligned}
\tag{5.39}
$$

Die Form der Christoffel-Symbole verändert sich also unter Koordinatentransformation. Folglich sind sie keine Tensoren dritter Stufe. Dazu müsste der zweite Summand verschwinden.

Beispiel Kugelkoordinaten im $\mathbb{R}^3$

In kartesischen Koordinaten besteht der metrische Tensor nur aus Nullen und Einsen (5.27). Also verschwinden sämliche Ableitungen der Komponenten des metrischen Tensors und alle Christoffel-Symbole sind somit auch Null.
Betrachten wir den $\mathbb{R}^3$ allerdings in Kugelkoordinaten, so treten nicht-verschwindende Ableitungen $\frac{\partial g_{ik}}{\partial x^l}$ auf:

$$\frac{\partial g_{11}}{\partial x^i} = \frac{\partial}{\partial x^i} 1 = 0, \qquad \frac{\partial g_{33}}{\partial x^1} = \frac{\partial}{\partial r} r^2 \sin^2 \Theta = 2r \sin^2 \Theta,$$

$$\frac{\partial g_{22}}{\partial x^1} = \frac{\partial}{\partial r} r^2 = 2r, \qquad \frac{\partial g_{33}}{\partial x^2} = \frac{\partial}{\partial \Theta} r^2 \sin^2 \Theta = 2r^2 \sin \Theta \cos \Theta,$$

$$\frac{\partial g_{22}}{\partial x^2} = \frac{\partial}{\partial \Theta} r^2 = 0, \qquad \frac{\partial g_{33}}{\partial x^3} = \frac{\partial}{\partial \Phi} r^2 \sin^2 \Theta = 0,$$

$$\frac{\partial g_{22}}{\partial x^3} = \frac{\partial}{\partial \Phi} r^2 = 0.$$

Alle anderen Komponenten des metrischen Tensors sind gleich Null, sodass die Ableitungen verschwinden. Aus den nicht verschwindenden Ableitungen können wir nun die Christoffel-Symbole berechnen. Da der metrische Tensor nur Komponenten auf der Diagonalen besitzt, bleibt vom Index i nur ein Wert pro Christoffel-Symbol übrig, bei dem nicht eine Null addiert wird. Nur diese Terme führen wir in der

Rechnung auf. Zusätzlich haben wir die Symmetrie (5.37) ausgenutzt:

$$\Gamma^2{}_{12} \overset{(5.37)}{=} \Gamma^2{}_{21} = \frac{g^{2i}}{2}\left(\frac{\partial g_{2i}}{\partial x^1} + \frac{\partial g_{1i}}{\partial x^2} - \frac{\partial g_{21}}{\partial x^i}\right)$$

$$= \frac{g^{22}}{2}\left(\frac{\partial g_{22}}{\partial x^1} + \frac{\partial g_{12}}{\partial x^2} - \frac{\partial g_{21}}{\partial x^2}\right)$$

$$= \frac{1}{2r^2}(2r + 0 - 0) = \frac{1}{r},$$

$$\Gamma^1{}_{22} = \frac{g^{1i}}{2}\left(\frac{\partial g_{2i}}{\partial x^2} + \frac{\partial g_{2i}}{\partial x^2} - \frac{\partial g_{22}}{\partial x^i}\right)$$

$$= \frac{g^{11}}{2}\left(\frac{\partial g_{21}}{\partial x^2} + \frac{\partial g_{21}}{\partial x^2} - \frac{\partial g_{22}}{\partial x^1}\right)$$

$$= \frac{1}{2}(0 + 0 - 2r) = -r,$$

$$\Gamma^3{}_{13} \overset{(5.37)}{=} \Gamma^3{}_{31} = \frac{g^{3i}}{2}\left(\frac{\partial g_{3i}}{\partial x^1} + \frac{\partial g_{1i}}{\partial x^3} - \frac{\partial g_{31}}{\partial x^i}\right)$$

$$= \frac{g^{33}}{2}\left(\frac{\partial g_{33}}{\partial x^1} + \frac{\partial g_{13}}{\partial x^3} - \frac{\partial g_{31}}{\partial x^3}\right)$$

$$= \frac{1}{2r^2\sin^2\Theta}(2r\sin^2\Theta + 0 - 0) = \frac{1}{r},$$

$$\Gamma^1{}_{33} = \frac{g^{1i}}{2}\left(\frac{\partial g_{3i}}{\partial x^3} + \frac{\partial g_{3i}}{\partial x^3} - \frac{\partial g_{33}}{\partial x^i}\right)$$

$$= \frac{g^{11}}{2}\left(\frac{\partial g_{31}}{\partial x^3} + \frac{\partial g_{31}}{\partial x^3} - \frac{\partial g_{33}}{\partial x^1}\right)$$

$$= \frac{1}{2}(0 + 0 - 2r\sin^2\Theta) = -r\sin^2\Theta,$$

$$\Gamma^3{}_{23} \overset{(5.37)}{=} \Gamma^3{}_{32} = \frac{g^{3i}}{2}\left(\frac{\partial g_{3i}}{\partial x^2} + \frac{\partial g_{2i}}{\partial x^3} - \frac{\partial g_{32}}{\partial x^i}\right)$$

$$= \frac{g^{33}}{2}\left(\frac{\partial g_{33}}{\partial x^2} + \frac{\partial g_{23}}{\partial x^3} - \frac{\partial g_{32}}{\partial x^3}\right)$$

$$= \frac{1}{2r^2\sin^2\Theta}(2r^2\sin\Theta\cos\Theta + 0 - 0) = \cot\Theta,$$

$$\Gamma^2{}_{33} = \frac{g^{2i}}{2}\left(\frac{\partial g_{3i}}{\partial x^3} + \frac{\partial g_{3i}}{\partial x^3} - \frac{g_{33}}{\partial x^i}\right)$$

$$= \frac{g^{22}}{2}\left(\frac{\partial g_{32}}{\partial x^3} + \frac{\partial g_{32}}{\partial x^3} - \frac{\partial g_{33}}{\partial x^2}\right)$$

$$= \frac{1}{2r^2}(0 + 0 - 2r^2\sin\Theta\cos\Theta) = -\sin\Theta\cos\Theta.$$

Beispiel Kugeloberfläche

Wir betrachten nun für die 2-Sphäre die Ableitungen des metrischen Tensors und bemerken, dass alle gleich Null sind bis auf

$$\frac{\partial g_{22}}{\partial x^1} = 2a^2\sin\Theta\cos\Theta.$$

Demnach sind auch alle Christoffel-Symbole bis aus $\Gamma^1{}_{22}$ und $\Gamma^2{}_{12} = \Gamma^2{}_{21}$ gleich Null. Diese berechnen wir mit der bekannten Formel:

$$\Gamma^1{}_{22} = \frac{g^{1i}}{2}\left(\frac{\partial g_{2i}}{\partial x^2} + \frac{\partial g_{2i}}{\partial x^2} - \frac{\partial g_{22}}{\partial x^i}\right)$$

$$= \frac{g^{11}}{2}\left(\frac{\partial g_{21}}{\partial x^2} + \frac{\partial g_{21}}{\partial x^2} - \frac{\partial g_{22}}{\partial x^1}\right)$$

$$= \frac{1}{2a^2}(0 + 0 - 2a^2\sin\Theta\cos\Theta) = -\sin\Theta\cos\Theta,$$

$$\Gamma^2{}_{21} = \Gamma^2{}_{12} = \frac{g^{2i}}{2}\left(\frac{\partial g_{2i}}{\partial x^1} + \frac{\partial g_{1i}}{\partial x^2} - \frac{\partial g_{21}}{\partial x^i}\right)$$

$$= \frac{g^{22}}{2}\left(\frac{\partial g_{22}}{\partial x^1} + \frac{\partial g_{21}}{\partial x^2} - \frac{\partial g_{21}}{\partial x^2}\right)$$

$$= \frac{1}{2a^2\sin^2\Theta}(2a^2\sin\Theta\cos\Theta + 0 - 0) = \cot\Theta.$$

5.5 Die kovariante Ableitung

Die Definition der Ableitung führt in der neuen Geometrie zu einem Problem. Die Ableitung eines Vektors ist nach Definition die Differenz zwischen zwei Vektoren an benachbarten, aber verschiedenen Punkten. Auf einer Mannigfaltigkeit können wir Vektoren an verschiedenen Punkten allerdings gar nicht voneinander abziehen, da sie nicht im selben Tangentialraum liegen. Diese Problematik wird durch den sogenannten Paralleltransport gelöst. Die Vektoren werden durch eine parallele Verschiebung auf denselben Punkt geschoben. Die mathematischen Details ersparen wir uns, da sie in der weiteren Diskussion nicht mehr auftauchen werden. Eine ausführliche Darstellung befindet sich im Lehrbuch [RYD 09, Kap 3.10] oder auch im Lehrbuch [ZEE 13, Kap. 1.7]. Wir nähern uns der daraus folgenden kovarianten Ableitung auf einem anderen Weg (nach [REB 12, Kap. 9.3.1]).

Wir untersuchen das Transformationsverhalten der partiellen Ableitung eines kontravarianten Tensors erster Stufe:

$$\frac{\partial V'^{\alpha}}{\partial x'^{\beta}} = \frac{\partial}{\partial x'^{\beta}}(\alpha^{\alpha}{}_{\rho}V^{\rho}) = \alpha^{\alpha}{}_{\rho}\frac{\partial V^{\rho}}{\partial x^{\sigma}}\frac{\partial x^{\sigma}}{\partial x'^{\beta}} + \frac{\partial \alpha^{\alpha}{}_{\rho}}{\partial x'^{\beta}}V^{\rho}$$

$$= \alpha^{\alpha}{}_{\rho}\,\alpha_{\beta}{}^{\sigma}\frac{\partial V^{\rho}}{\partial x^{\sigma}} + \frac{\partial \alpha^{\alpha}{}_{\rho}}{\partial x'^{\beta}}V^{\rho}. \tag{5.40}$$

Auch die partielle Ableitung eines Tensors ist also keine kovariante Größe. In einer Gravitationstheorie wird allerdings eine solche Differentialoperation in beliebigen Koordinaten benötigt. Schließlich taucht eine differentielle Größe in der Poisson-Gleichung auf.

Wir suchen also eine sogenannte kovariante Ableitung, die, angewendet auf ein Riemann-Tensorfeld, wieder ein Riemann-Tensorfeld (einer um eins höheren Stufe) ergibt und kovariant unter allgemeinen

Koordinatentransformationen ist. Zusätzlich soll sich für ein nicht gekrümmtes System die kovariante Ableitung auf die einfache partielle Ableitung reduzieren. Dadurch wird die spätere Gravitationstheorie konsistent mit den Spezialfällen. Auch sollten die bekannten Rechenregeln, wie die Produkt- und Kettenregel, weiterhin gelten.

Wir nehmen also einen kovarianten Vektor V'_α an, dessen Ableitung sich in einem lokalen flachen System auf die partielle Ableitung reduziert $\left(\frac{\partial V_\alpha}{\partial \xi^\beta}\right)$,[15] und transformieren ihn in ein beliebiges Koordinatensystem, in dem die Komponenten V_μ nach ∂_ν abgeleitet werden. Da die kovariante Ableitung von V_μ ein Tensor sein soll, gilt

$$
\begin{aligned}
\frac{\partial \xi^\alpha}{\partial x^\mu} \frac{\partial \xi^\beta}{\partial x^\nu} \frac{\partial V'_\alpha}{\partial \xi^\beta} &= \frac{\partial \xi^\alpha}{\partial x^\mu} \frac{\partial V'_\alpha}{\partial x^\nu} \\
&= \frac{\partial \xi^\alpha}{\partial x^\mu} \frac{\partial}{\partial x^\nu} \left(\frac{\partial x^\lambda}{\partial \xi^\alpha} V_\lambda \right) \\
&= \frac{\partial \xi^\alpha}{\partial x^\mu} \frac{\partial x^\lambda}{\partial \xi^\alpha} \frac{\partial V_\lambda}{\partial x^\nu} + V_\lambda \frac{\partial \xi^\alpha}{\partial x^\mu} \frac{\partial}{\partial x^\nu} \left(\frac{\partial x^\lambda}{\partial \xi^\alpha} \right) \\
&= \frac{\partial x^\lambda}{\partial x^\mu} \frac{\partial V_\lambda}{\partial x^\nu} + V_\lambda \left[\frac{\partial}{\partial x^\nu} \left(\frac{\partial \xi^\alpha}{\partial x^\mu} \frac{\partial x^\lambda}{\partial \xi^\alpha} \right) - \frac{\partial x^\lambda}{\partial \xi^\alpha} \frac{\partial^2 \xi^\alpha}{\partial x^\mu \partial x^\nu} \right] \\
&= \delta^\lambda_\mu \frac{\partial V_\lambda}{\partial x^\nu} - V_\lambda \frac{\partial x^\lambda}{\partial \xi^\alpha} \frac{\partial^2 \xi^\alpha}{\partial x^\mu \partial x^\nu}.
\end{aligned}
$$

Jetzt erkennen wir den Ausdruck des Christoffel-Symbols (5.33) wieder und erhalten:

$$
\frac{\partial \xi^\alpha}{\partial x^\mu} \frac{\partial \xi^\beta}{\partial x^\nu} \frac{\partial V_\alpha}{\partial \xi^\beta} = \frac{\partial V_\mu}{\partial x^\nu} - V_\lambda \Gamma^\lambda{}_{\mu\nu}. \tag{5.41}
$$

Wir führen an dieser Stelle eine neue Notation ein, damit wir die ko-

---

[15] Wir bezeichnen aufgrund des lokalen kartesischen Systems die Koordinaten erneut mit ξ^α.

varianten Ableitungen von den partiellen Ableitungen unterscheiden
können. Diese Schreibweise orientiert sich am Lehrbuch von Weinberg [WEI 72].[16] Die kovariante Ableitung wird ab sofort durch ein
Semikolon im Index dargestellt, während die einfache partielle Ableitung mit einem Komma abgekürzt wird. Die Gleichung (5.41) lautet
in der neuen Notation

$$V_{\mu;\nu} = V_{\mu,\nu} - \Gamma^{\lambda}{}_{\mu\nu}V_{\lambda}. \tag{5.42}$$

Das Transformationsverhalten der kovarianten Ableitung ist dann
durch

$$V'_{\mu;\nu} = \alpha_{\mu}{}^{\rho}\alpha_{\nu}{}^{\sigma}V_{\rho;\sigma} \tag{5.43}$$

gegeben. Die Herleitung der kovarianten Ableitung funktioniert analog bei einem kontravarianten Vektor, sodass wir

$$V^{\mu}{}_{;\nu} = V^{\mu}{}_{,\nu} + \Gamma^{\mu}{}_{\nu\lambda}V^{\lambda} \tag{5.44}$$

erhalten.

Nun schauen wir uns die kovarianten Ableitungen für Tensoren
nullter und zweiter Stufe an, da diese in den Einstein'schen Feldgleichungen (5.1) auftreten.

Für ein Skalarfeld nullter Stufe ist die einfache partielle Ableitung

---

[16] Fliessbach [FLI 12a] wählt eine andere Notation, die wir nicht weiter verwenden.

bereits kovariant:[17]

$$\frac{\partial S'}{\partial x'^\mu} = \frac{\partial S}{\partial x^\nu}\frac{\partial x^\nu}{\partial x'^\mu} = \alpha_\mu{}^\nu \frac{\partial S}{\partial x^\nu}. \tag{5.45}$$

Deshalb definieren wir für Skalarfelder

$$S_{;\mu} = S_{,\mu} = \frac{\partial S}{\partial x^\mu}. \tag{5.46}$$

Für die kovariante Ableitung eines Tensors zweiter Stufe, betrachten wir den Tensor zweiter Stufe als Produkt zweier Tensoren erster Stufe $(T^{\mu\nu} = A^\mu B^\nu)$ und wenden die Produktregel für Ableitungen an:

$$
\begin{aligned}
T^{\mu\nu}{}_{;\lambda} &= (A^\mu B^\nu)_{;\lambda} \equiv A^\mu{}_{;\lambda}B^\nu + A^\mu B^\nu{}_{;\lambda} \\
&\overset{(5.44)}{=} A^\mu{}_{,\lambda}B^\nu + \Gamma^\mu{}_{\lambda\rho}A^\rho B^\nu + A^\mu B^\nu{}_{,\lambda} + \Gamma^\nu{}_{\lambda\rho}B^\rho A^\mu \\
&= A^\mu{}_{,\lambda}B^\nu + A^\mu B^\nu{}_{,\lambda} + \Gamma^\mu{}_{\lambda\rho}A^\rho B^\nu + \Gamma^\nu{}_{\lambda\rho}B^\rho A^\mu \\
&= T^{\mu\nu}{}_{,\lambda} + \Gamma^\mu{}_{\lambda\rho}T^{\rho\nu} + \Gamma^\nu{}_{\lambda\rho}T^{\mu\rho}. \tag{5.47}
\end{aligned}
$$

---

[17] Da wir uns nun nicht mehr explizit auf lokale kartesische Koordinatensysteme beziehen, wie es bei der Einführung der Christoffel-Symbole nötig war, wird ab sofort wieder x' anstatt ξ für die Koordinaten des zweiten Koordinatensystems verwendet.

Wir berechnen die kovariante Ableitung des metrischen Tensors:

$$
\begin{aligned}
g_{\mu\nu;\lambda} &= g_{\mu\nu,\lambda} - \Gamma^{\rho}{}_{\mu\lambda}g_{\rho\nu} - \Gamma^{\rho}{}_{\nu\lambda}g_{\mu\rho} \\
&\overset{(5.36)}{=} g_{\mu\nu,\lambda} - \frac{g^{\rho\sigma}}{2}(g_{\lambda\sigma,\mu} + g_{\mu\sigma,\lambda} - g_{\mu\lambda,\sigma})g_{\rho\nu} \\
&\quad - \frac{g^{\rho\sigma}}{2}(g_{\lambda\sigma,\nu} + g_{\nu\sigma,\lambda} - g_{\nu\lambda,\sigma})g_{\mu\rho} \\
&= g_{\mu\nu,\lambda} - \frac{\delta^{\sigma}_{\nu}}{2}(g_{\lambda\sigma,\mu} + g_{\mu\sigma,\lambda} - g_{\mu\lambda,\sigma}) \\
&\quad - \frac{\delta^{\sigma}_{\mu}}{2}(g_{\lambda\sigma,\nu} + g_{\nu\sigma,\lambda} - g_{\nu\lambda,\sigma}) \\
&= g_{\mu\nu,\lambda} - \frac{1}{2}(g_{\lambda\nu,\mu} + g_{\mu\nu,\lambda} - g_{\mu\lambda,\nu}) - \frac{1}{2}(g_{\lambda\mu,\nu} + g_{\nu\mu,\lambda} - g_{\nu\lambda,\mu}) \\
&= g_{\mu\nu,\lambda} - g_{\mu\nu,\lambda} = 0.
\end{aligned}
\tag{5.48}
$$

Umgeformt erhalten wir eine Identität, die wir später noch benötigen:

$$
g_{\mu\nu,\lambda} = \Gamma^{\rho}{}_{\mu\lambda}g_{\rho\nu} + \Gamma^{\rho}{}_{\nu\lambda}g_{\mu\rho}. \tag{5.49}
$$

5.6 Der Nachweis der Raumkrümmung

Das ist bereits geschehen: Wir haben in Abschnitt 4.4 erarbeitet, wie aus dem Äquivalenzprinzip eine Krümmung der Raum-Zeit folgt. Nun stellt sich die Frage, wie diese Krümmung in der mathematischen Beschreibung hervortritt und mit welchen Hilfsmitteln festgestellt werden kann, ob eine vorgegebene Raum-Zeit gekrümmt ist. Zum besseren Verständnis betrachten wir zunächst nur die Krümmung des Raumes. Die Ergebnisse übertragen wir dann im Anschluss auf die vier Komponenten der Raum-Zeit. Im Abschnitt 4.4 haben wir bereits mit geometrischen Objekten (z.B. dem Flächeninhalt von

Kreisen) argumentiert. Implizit sind diese Argumentationen alle auf den Abstandsbegriff zurückzuführen.

Der Abstand im Raum ist durch das jeweilige Wegelement, bzw. genauer durch den jeweiligen metrischen Tensor $g_{\mu\nu}$, bestimmt. Die Eigenschaften des Riemann'schen Raums und die Wahl der Koordinaten legen wiederum $g_{\mu\nu}$ fest. Ist der Raum gekrümmt, so ist die Krümmung unabhängig von der Wahl der Koordinaten, wie wir schon in Abschnitt 5.2 festgestellt haben.

Wenn wir den Raum in kartesischen Koordinaten ausdrücken, legen wir ein abstandsgleiches Koordinatengitter auf den Raum. In einem gekrümmten Raum ist ein solches Anlegen nicht möglich. Wir können uns diese Tatsache am Beispiel der Kugeloberfläche verdeutlichen. Es ist nicht möglich hier ein kartesisches Koordinatensystem einzuführen.

Aus dieser Überlegung lässt sich folgern [FLI 12a, S. 70]:

Ein Raum ist genau dann flach, wenn er durch kartesische Koordinaten beschrieben werden kann.

Der flache Raum ist in diesem Sprachgebrauch ein Synonym für einen Raum ohne Krümmung (oder mit einer Krümmung Null). In einem gekrümmten Raum können wir nur eine notwendige, aber nicht hinreichende Bedingung angeben. Ist der metrische Tensor g_{ik} im gesamten Raum konstant, so ist das Wegelement ds^2 eine quadratische Form mit konstanten Koeffizienten. Daraus folgt direkt, dass wir kartesische Koordinaten einführen können, da wir eine solche quadratische Form immer auf Diagonalform bringen können.[18] Mit einer Ska-

---

[18] Die Vorgehensweise der Hauptachsentransformation ist beispielsweise in

lierung erhalten wir dann das abstandsgleiche Koordinatengitter der kartesischen Koordinaten. Der Raum ist also euklidisch. Die Umkehrung dieser Aussage gilt nicht, denn eine Koordinatenabhängigkeit von g_{ik} könnte lediglich auf die konkret ausgewählten Koordinaten zurückzuführen sein. Auch in der zweidimensionalen Ebene können wir Polarkoordianten einführen. Wir halten also fest [FLI 12a, S. 70]:

Ist der Raum gekrümmt, dann ist der metrische Tensor g_{ik} koordinatenabhängig.

Beispiel $\mathbb{R}^3$

Der $\mathbb{R}^3$ zeichnet sich dadurch aus, dass kartesische Koordinaten eingeführt werden können, um jeden Punkt im Raum zu beschreiben. Also ist der $\mathbb{R}^3$ nicht gekrümmt. Dies deckt sich mit unserer Argumentation aus Abschnitt 4.4.

Beispiel Kugeloberfläche

Eine Kugeloberfläche hingegen weist eine Krümmung auf, wie wir im Abschnitt 4.4 durch andere Argumente gefunden haben. Demnach sollte, der obigen Aussage nach, der metrische Tensor koordinatenabhängig sein. Dies ist ebenfalls offensichtlich der Fall, wenn wir den metrischen Tensor für die Kugeloberfläche, (5.31), betrachten.

5.7 Der Krümmungstensor

Das Kriterium im vorherigen Abschnitt ist noch nicht befriedigend. Wir können nicht unmittelbar entscheiden, ob es möglich ist kartesi-

---

[ZEI 12, Kap. 2.2.2] beschrieben.

sche Koordinaten einzuführen. Schöner wäre ein Kriterium, welches notwendig und hinreichend für eine Krümmung ist. Wir möchten deshalb nun die Krümmung der Raum-Zeit durch einen Tensor angeben.

Der Tensor soll die Eigenschaft haben, dass wir direkt ablesen können, ob der Raum gekrümmt ist. In einem Raum ohne Krümmung sollte er gleich Null sein. Da die Krümmung, wie dargelegt, vom metrischen Tensor $g_{\mu\nu}$ abhängig ist, muss der gesuchte Tensor auch von $g_{\mu\nu}$ abhängen. Wir betrachten zur Aufstellung des Tensors folgende Differenz [REB 12, Kap. 9.5]:

$$V^{\kappa}{}_{;\mu;\nu} - V^{\kappa}{}_{;\nu;\mu} = R^{\kappa}{}_{\lambda\mu\nu}V^{\lambda}. \tag{5.50}$$

Dabei soll $V^{\kappa}{}_{;\mu;\nu}$ bedeuten, dass wir zunächst die kovariante Ableitung von V^{κ} nach μ bilden. Vom Resultat berechnen wir die kovariante Ableitung nach ν. Der Tensor $R^{\kappa}{}_{\lambda\mu\nu}$ ist der gesuchte Krümmungstensor. Wir zeigen, dass $R^{\kappa}{}_{\lambda\mu\nu} = 0$ ist, falls der Raum flach ist. Die Argumentation fußt auf den Kriterien des vorherigen Abschnitts. Der Raum ist flach, falls wir kartesische Koordinaten einführen können. In kartesischen Koordinaten wird die linke Seite der Gleichung (5.50) zu $V^{\kappa}{}_{,\mu,\nu} - V^{\kappa}{}_{,\nu,\mu}$, da die Christoffel-Symbole verschwinden (siehe Beispiel in Abschnitt 5.4). Wir berechnen:

$$V^{\kappa}{}_{,\mu,\nu} - V^{\kappa}{}_{,\nu,\mu} = \frac{\partial}{\partial x^{\nu}}\frac{\partial}{\partial x^{\mu}}V^{\kappa} - \frac{\partial}{\partial x^{\mu}}\frac{\partial}{\partial x^{\nu}}V^{\kappa} = 0 \Rightarrow R^{\kappa}{}_{\lambda\mu\nu} = 0.$$

Wir haben hier verwendet, dass die partiellen Ableitungen vertauschen.

In einem gekrümmten Raum wird $R^{\kappa}{}_{\lambda\mu\nu}$ nicht verschwinden, wie wir am Beispiel der Kugeloberfläche sehen werden.

Nun wollen wir $R^\kappa{}_{\lambda\mu\nu}$ explizit bestimmen. Die Berechnung ist sehr aufwendig und nimmt viel Platz in Anspruch. Um den roten Faden aufrecht zu erhalten, lagern wir die Rechnung in den Anhang B.2.5 aus. Das Ergebnis zeigt, dass $R^\kappa{}_{\lambda\mu\nu}$ allein durch Christoffel-Symbole und deren Ableitungen dargestellt werden kann:

$$R^\kappa{}_{\lambda\mu\nu} = \Gamma^\kappa{}_{\mu\lambda,\nu} + \Gamma^\kappa{}_{\nu\rho}\Gamma^\rho{}_{\mu\lambda} - \Gamma^\kappa{}_{\nu\lambda,\mu} - \Gamma^\kappa{}_{\mu\rho}\Gamma^\rho{}_{\nu\lambda}. \tag{5.51}$$

Die vorher rein formal eingeführten Christoffel-Symbole haben also durchaus eine physikalische Interpretation, die sich im Krümmungstensor äußert. Mit $R_{\kappa\lambda\mu\nu} = g_{\kappa\sigma}R^\sigma{}_{\lambda\mu\nu}$ können wir den Krümmungstensor auch in Abhängikeit der zweiten Ableitungen des metrischen Tensors angeben.[19] Die Rechenschritte befinden sich ebenfalls im Anhang B.2.6:

$$R_{\kappa\lambda\mu\nu} = \frac{1}{2}(g_{\kappa\mu,\lambda,\nu} + g_{\lambda\nu,\kappa,\mu} - g_{\lambda\mu,\kappa,\nu} - g_{\kappa\nu,\lambda,\mu})$$
$$+ g_{\rho\sigma}(\Gamma^\rho{}_{\kappa\nu}\Gamma^\sigma{}_{\lambda\mu} - \Gamma^\rho{}_{\kappa\mu}\Gamma^\sigma{}_{\lambda\nu}). \tag{5.52}$$

Was ist an dieser Darstellung besser als an der vorherigen?

Die Antwort ist, dass sich einige Symmetrieeigenschaften des Krümmungstensors direkt ablesen lassen. Wir haben bereits gesehen, dass der metrische Tensor symmetrisch ist, (4.12), und die Christoffel-Symbole in ihren unteren Indizes ebenfalls symmetrisch sind, (5.37),

---

[19] Im Lehrbuch [WEI 72, Kap. 6.2] ist gezeigt, dass dieser Tensor sogar der einzig mögliche Tensor ist, der den metrischen Tensor und seine ersten beiden Ableitungen enthält und zudem noch linear in der zweiten Ableitung ist.

deshalb folgern wir:

$$
\begin{aligned}
R_{\kappa\lambda\mu\nu} &= \frac{1}{2}(g_{\kappa\mu,\lambda,\nu} + g_{\lambda\nu,\kappa,\mu} - g_{\lambda\mu,\kappa,\nu} - g_{\kappa\nu,\lambda,\mu}) \\
&\quad + g_{\rho\sigma}(\Gamma^{\rho}{}_{\kappa\nu}\Gamma^{\sigma}{}_{\lambda\mu} - \Gamma^{\rho}{}_{\kappa\mu}\Gamma^{\sigma}{}_{\lambda\nu}) \\
&= \frac{1}{2}(g_{\mu\kappa,\nu,\lambda} + g_{\nu\lambda,\mu,\kappa} - g_{\nu\kappa,\mu,\lambda} - g_{\mu\lambda,\nu,\kappa}) \\
&\quad + g_{\rho\sigma}(\Gamma^{\rho}{}_{\mu\lambda}\Gamma^{\sigma}{}_{\nu\kappa} - \Gamma^{\rho}{}_{\mu\kappa}\Gamma^{\sigma}{}_{\nu\lambda}) \\
&= R_{\mu\nu\kappa\lambda}.
\end{aligned}
\tag{5.53}
$$

Ebenso können wir durch Einsetzen folgende Identitäten nachweisen:

$$
R_{\kappa\lambda\mu\nu} = -R_{\lambda\kappa\mu\nu} = -R_{\kappa\lambda\nu\mu} = R_{\lambda\kappa\nu\mu}, \tag{5.54}
$$

$$
R_{\kappa\lambda\mu\nu} + R_{\kappa\nu\lambda\mu} + R_{\kappa\nu\lambda\mu} = 0. \tag{5.55}
$$

Eine weitere kovariante Gleichung, in der Krümmungstensoren verwendet werden, ist die Bianchi-Identität:

$$
R^{\alpha}{}_{\mu\rho\sigma;\tau} + R^{\alpha}{}_{\mu\tau\rho;\sigma} + R^{\alpha}{}_{\mu\sigma\tau;\rho} = 0. \tag{5.56}
$$

Auch hier lagern wir die explizite Rechnung in den Anhang B.2.7 aus.

Kontraktionen des Krümmungstensors

Wir schauen auf die im Eingangstext des Kapitel präsentierte Tensorgleichung (5.1). Den Krümmungstensor können wir dort nicht ausmachen. Die verwendeten Tensoren sind jedoch Kontraktionen des Krümmungstensors. Da wir nun den Krümmungstensor definiert haben, können wir auch die benötigten Tensoren aufstellen. Wir betrachten die Kontraktion von $R^{\kappa}{}_{\mu\lambda\nu}$:

$$R^{\kappa}{}_{\mu\kappa\nu} = R_{\mu\nu}. \tag{5.57}$$

Sie ist der nach dem Mathematiker Ricci benannte Ricci-Tensor. Drücken wir ihn explizit durch die Christoffel-Symbole aus, erhalten wir:

$$R_{\mu\nu} = R^{\kappa}{}_{\mu\kappa\nu} = \Gamma^{\sigma}{}_{\nu\sigma,\mu} - \Gamma^{\sigma}{}_{\mu\nu,\sigma} + \Gamma^{\rho}{}_{\mu\sigma}\Gamma^{\sigma}{}_{\rho\nu} - \Gamma^{\rho}{}_{\mu\nu}\Gamma^{\sigma}{}_{\rho\sigma}. \tag{5.58}$$

Auch dieser Tensor ist symmetrisch unter Vertauschung der Indizes, da die Christoffel-Symbole diese Eigenschaft bzgl. der unteren Indizes haben, (5.37):

$$\begin{aligned} R_{\mu\nu} &= \Gamma^{\sigma}{}_{\nu\sigma,\mu} - \Gamma^{\sigma}{}_{\mu\nu,\sigma} + \Gamma^{\rho}{}_{\mu\sigma}\Gamma^{\sigma}{}_{\rho\nu} - \Gamma^{\rho}{}_{\mu\nu}\Gamma^{\sigma}{}_{\rho\sigma} \\ &= \Gamma^{\sigma}{}_{\mu\sigma,\nu} - \Gamma^{\sigma}{}_{\nu\mu,\sigma} + \Gamma^{\rho}{}_{\nu\sigma}\Gamma^{\sigma}{}_{\rho\mu} - \Gamma^{\rho}{}_{\nu\mu}\Gamma^{\sigma}{}_{\rho\sigma} \\ &= R_{\nu\mu}. \end{aligned} \tag{5.59}$$

Kontrahieren wir diesen Tensor, so erhalten wir einen Skalar: den sogenannten Krümmungsskalar [FLI 12a][20]

$$R^{\mu}{}_{\mu} = g^{\mu\nu}R_{\mu\nu} = R. \tag{5.60}$$

Beispiel $\mathbb{R}^3$

Wieder verdeutlichen wir den abstrakten Tensor anhand der Beispiele. Der $\mathbb{R}^3$ ist ein flacher Raum. Unserer Theorie zufolge sollte der Krümmungstensor also Null ergeben. Wir haben bereits er-

---

[20] Andere Autoren, wie [GOE 96], sprechen auch vom Ricciskalar.

kannt, dass bei der Beschreibung durch kartesische Koordinaten alle Christoffel-Symbole und Ableitungen verschwinden. Deshalb ist der Krümmungstensor folgerichtig auch Null (siehe auch Gl. (5.7)).

Eine Betrachtung in Kugelkoordinaten wäre wesentlich aufwendiger. Für die Erkenntnis, dass der Raum flach ist, ist der Aufwand 20 Komponenten zu berechnen an dieser Stelle zu hoch. Betrachten wir stattdessen wieder unsere zweidimensionale Kugeloberfläche.

Beispiel Kugeloberfläche

Für die Kugeloberfläche haben wir in Abschnitt 5.4 die Ableitungen des metrischen Tensors und die Christoffel-Symbole bestimmt. Nun bestimmen wir zunächst die zweiten partiellen Ableitungen und daraus dann die Komponenten des Krümmungstensors.

Wenn wir die ersten partiellen Ableitungen betrachten, erkennen wir, dass nur eine einzige zweite partielle Ableitung von Null verschieden ist, was die Berechnung des Krümmungstensor stark verkürzt. Die verbleibende partielle Ableitung ist:

$$g_{22,1,1} = \frac{\partial^2 g_{22}}{\partial \Theta^2} = \frac{\partial \left(2a^2 \sin\Theta \cos\Theta \right)}{\partial \Theta} = -2a^2 (\cos^2 \Theta - \sin^2 \Theta).$$

Nun setzen wir dies zusammen mit den Christoffel-Symbolen in Gleichung (5.52) ein.

Nur eine Komponente des Krümmungstensors ist ungleich Null:

$$
\begin{aligned}
R_{1212} &= \frac{1}{2}g_{22,1,1} + g_{rs}(\Gamma^r{}_{12}\Gamma^s{}_{12} - \Gamma^r{}_{11}\Gamma^s{}_{22}) \\
&= \frac{1}{2}g_{22,1,1} + g_{22}(\Gamma^2{}_{12}\Gamma^2{}_{12} - \Gamma^2{}_{11}\Gamma^2{}_{22}) \\
&= \frac{1}{2}\Big(-2a^2(\cos^2\Theta - \sin^2\Theta)\Big) + a^2\sin^2\Theta(\cot^2\Theta - 0) \\
&= \frac{-2a^2\cos^2\Theta}{2} + \frac{2a^2\sin^2\Theta}{2} + a^2\sin^2\Theta\frac{\cos^2\Theta}{\sin^2\Theta} \\
&= a^2\sin^2\Theta.
\end{aligned}
$$

Die Theorie ist also konform damit, dass eine Kugeloberfläche gekrümmt ist, da nicht alle Einträge des Krümmungstensors verschwinden.

6 Physik in der gekrümmten Raum-Zeit

6.1 Die Geodätengleichung

Nach unserem bisherigen Kenntnisstand bewegt sich ein Teilchen, auf das keine Kraft einwirkt, entlang einer Geraden. Wie verhält es sich nun in der durch ein Gravitationsfeld gekrümmten Raum-Zeit? Die Bewegungsgleichungen werden in der ART Geodätengleichungen genannt. Eine Geodäte ist die kürzeste Verbindungslinie zwischen zwei Punkten.

Wir können die Geodätengleichung mit der uns aus der Mechanik bekannten Variationsrechnung bestimmen. Wir orientieren uns bei dieser Betrachtung an [RYD 09, Kap. 4.1.2]. Dieses Prinzip wird als bekannt vorausgesetzt und kann z.b. im Lehrbuch [NOL 13b, Kap. 1.3] wiederholt werden. Wir bestimmen die Euler-Lagrange-Gleichung eines kräftefreien Teilchens im Gravitationsfeld.

Der Abstand zwischen zwei infinitesimal benachbarten Punkten x^μ und $x^\mu + dx^\mu$ ist durch das Wegelement $ds^2 = g_{\mu\nu}dx^\mu dx^\nu$ gegeben. Den Abstand zwischen zwei beliebigen Punkten erhalten wir somit durch Integration über das Wegelement (5.11):[1]

$$s = \int_P^Q \sqrt{g_{\mu\nu}dx^\mu dx^\nu}. \qquad (6.1)$$

---

[1] Wir betrachten im Folgenden den Spezialfall $g_{\mu\nu}dx^\mu dx^\nu > 0$.

Nun parametrisieren wir die Kurve, die die Punkte P und Q auf der Mannigfaltigkeit verbindet, durch den Parameter λ. Das Integral wird dadurch in

$$s = \int_{\lambda_1}^{\lambda_2} \sqrt{g_{\mu\nu} \frac{dx^\mu}{d\lambda} \frac{dx^\nu}{d\lambda}} d\lambda \qquad (6.2)$$

überführt. Ohne Gravitationsfeld wäre die kürzeste Verbindung eine Gerade. Wir fordern, dass in Anwesenheit eines Gravitationsfeldes die Geodäte die kürzeste verbindende Kurve zwischen den beiden Punkten ist. Deshalb suchen wir eine Kurve mit der Eigenschaft

$$\delta \int_{\lambda_1}^{\lambda_2} \sqrt{g_{\mu\nu} \frac{dx^\mu}{d\lambda} \frac{dx^\nu}{d\lambda}} d\lambda = 0. \qquad (6.3)$$

Vergleichen wir dies mit dem bekannten Prinzip der Hamilton'schen Variationsrechnung, so können wir den Integranten als Lagrange-Funktion auffassen:[2]

$$\int_{\lambda_1}^{\lambda_2} \sqrt{L(x^\mu, \dot{x}^\mu)} d\lambda. \qquad (6.4)$$

In Gleichung (6.4) entspricht $\dot{x}^\mu \equiv \frac{dx^\mu}{d\lambda}$.[3]

---

[2] Als Lagrange-Funktion wird im Allgemeinen eine solche Funktion, die von x und $\dot{x}$ abhängig ist, bezeichnet [ZEI 12, Kap. 5.1.1].

[3] Wir können den Parameter λ nur im Falle eines Masseteilchen mit der Eigenzeit identifizieren. Der andere Fall eines masselosen Teilchens wird später diskutiert.

Wir suchen nun die extremale Länge der Kurve:

$$\delta \int_{\lambda_1}^{\lambda_2} L(x^\mu, \dot{x}^\mu) d\lambda \overset{!}{=} 0 \qquad (6.5)$$

$$\Rightarrow \int_{\lambda_1}^{\lambda_2} \left(\frac{\partial L}{\partial \dot{x}^\mu} \delta \dot{x}^\mu + \frac{\partial L}{\partial x^\mu} \delta x^\mu \right) d\lambda = 0 \qquad (6.6)$$

$$\text{mit} \quad \delta x(\lambda_1) = \delta x(\lambda_2) = 0.$$

Um dieses Integral zu lösen, müssen wir einen Rechentrick anwenden. Dazu betrachten wir folgendes Integral, welches aufgrund von (6.6) Null wird:

$$I = \int_{\lambda_1}^{\lambda_2} \frac{d}{d\lambda} \left(\frac{\partial L}{\partial \dot{x}^\mu} \delta x^\mu \right) d\lambda = \left(\frac{\partial L}{\partial \dot{x}^\mu} \delta x^\mu \right) \Big|_{\lambda_1}^{\lambda_2} = 0. \qquad (6.7)$$

Andererseits gilt, wenn wir zunächst die Ableitung anwenden:

$$I = \int_{\lambda_1}^{\lambda_2} \left\{ \frac{d}{d\lambda} \left(\frac{\partial L}{\partial \dot{x}^\mu} \right) \delta x^\mu + \frac{\partial L}{\partial \dot{x}^\mu} \delta \dot{x}^\mu \right\} d\lambda.$$

So können wir mit (6.7) ein Integral auf die andere Seite bringen:

$$-\int_{\lambda_1}^{\lambda_2} \frac{d}{d\lambda} \left(\frac{\partial L}{\partial \dot{x}^\mu} \right) \delta x^\mu d\lambda = \int_{\lambda_1}^{\lambda_2} \frac{\partial L}{\partial \dot{x}^\mu} \delta \dot{x}^\mu d\lambda. \qquad (6.8)$$

Setzen wir nun (6.8) in (6.6) ein, so erhalten wir:

$$\int_{\lambda_1}^{\lambda_2} \left[\frac{\partial L}{\partial x^\mu} - \frac{d}{d\lambda} \left(\frac{\partial L}{\partial \dot{x}^\mu} \right) \right] \delta x^\mu d\lambda = 0. \qquad (6.9)$$

Weil δx^μ bis auf die Randbedingung $\delta x(\lambda_1) = \delta x(\lambda_2) = 0$ beliebig ist, muss die eckige Klammer Null sein. Dies ist das Fundamentallemma der Variationsrechnung. Nun können wir $s^2 = \int_{\lambda_1}^{\lambda_2} g_{\mu\nu} \frac{dx^\mu}{d\lambda} \frac{dx^\nu}{d\lambda}$ minimieren, indem wir aus Gleichung (6.4) $L = g_{\mu\nu} \dot{x}^\mu \dot{x}^\nu$ einsetzen:

$$\frac{\partial L}{\partial x^\mu} = g_{\kappa\lambda,\mu} \dot{x}^\kappa \dot{x}^\lambda, \quad \frac{\partial L}{\partial \dot{x}^\mu} = 2 g_{\mu\kappa} \dot{x}^\kappa.$$

Weiter erhalten wir mit

$$\frac{d}{d\lambda} \left(\frac{\partial L}{\partial \dot{x}^\mu} \right) = 2 \frac{d}{d\lambda} \left(g_{\mu\kappa} \dot{x}^\kappa \right) = 2 g_{\mu\kappa,\lambda} \dot{x}^\kappa \dot{x}^\lambda + 2 g_{\mu\kappa} \ddot{x}^\kappa$$

die Euler-Lagrange Gleichung:

$$\frac{\partial L}{\partial x^\mu} - \frac{d}{d\lambda} \left(\frac{\partial L}{\partial \dot{x}^\mu} \right) = g_{\kappa\lambda,\mu} \dot{x}^\kappa \dot{x}^\lambda - 2 g_{\mu\kappa,\lambda} \dot{x}^\kappa \dot{x}^\lambda - 2 g_{\mu\kappa} \ddot{x}^\kappa = 0.$$

Wir multiplizieren mit $-\frac{1}{2} g^{\mu\rho}$, sodass $\ddot{x}^\kappa$ frei steht:

$$-\frac{1}{2} g^{\mu\rho} g_{\kappa\lambda,\mu} \dot{x}^\kappa \dot{x}^\lambda + g^{\mu\rho} g_{\mu\kappa,\lambda} \dot{x}^\kappa \dot{x}^\lambda + g^{\mu\rho} g_{\mu\kappa} \ddot{x}^\kappa = 0$$

$$\Leftrightarrow \qquad -\frac{1}{2} g^{\mu\rho} g_{\kappa\lambda,\mu} \dot{x}^\kappa \dot{x}^\lambda + g^{\mu\rho} g_{\mu\kappa,\lambda} \dot{x}^\kappa \dot{x}^\lambda + \delta^\rho_\kappa \ddot{x}^\kappa = 0$$

$$\Leftrightarrow \qquad \ddot{x}^\rho + g^{\mu\rho} g_{\mu\kappa,\lambda} \dot{x}^\kappa \dot{x}^\lambda - \frac{1}{2} g^{\mu\rho} g_{\kappa\lambda,\mu} \dot{x}^\kappa \dot{x}^\lambda = 0$$

$$\Leftrightarrow \ddot{x}^\rho + \frac{1}{2} g^{\mu\rho} g_{\mu\kappa,\lambda} \dot{x}^\kappa \dot{x}^\lambda + \frac{1}{2} g^{\mu\rho} g_{\mu\kappa,\lambda} \dot{x}^\kappa \dot{x}^\lambda - \frac{1}{2} g^{\mu\rho} g_{\kappa\lambda,\mu} \dot{x}^\kappa \dot{x}^\lambda = 0.$$

$$(6.10)$$

Im dritten Summanden benennen wir nun die Indizes κ und λ um:

$$\frac{1}{2} g^{\mu\rho} g_{\mu\kappa,\lambda} \dot{x}^\kappa \dot{x}^\lambda = \frac{1}{2} g^{\rho\mu} g_{\mu\sigma,\omega} \dot{x}^\sigma \dot{x}^\omega.$$

Nun dürfen wir die Ableitungen $\dot{x}^\sigma$ und $\dot{x}^\omega$ vertauschen. Ein erneutes

Umbenennen der Indizes in der zweiten Zeile liefert uns:

$$\frac{1}{2}g^{\rho\mu}g_{\mu\sigma,\omega}\dot{x}^{\sigma}\dot{x}^{\omega} = \frac{1}{2}g^{\rho\mu}g_{\mu\sigma,\omega}\dot{x}^{\omega}\dot{x}^{\sigma}$$
$$= \frac{1}{2}g^{\mu\rho}g_{\mu\lambda,\kappa}\dot{x}^{\kappa}\dot{x}^{\lambda}.$$

MIt $g^{\mu\rho} = g^{\rho\mu}$ ist dann die Geodätengleichung an (6.10) anknüpfend als

$$\ddot{x}^{\rho} + \frac{1}{2}g^{\rho\mu}(g_{\mu\kappa,\lambda} + g_{\mu\lambda,\kappa} - g_{\kappa\lambda,\mu})\dot{x}^{\kappa}\dot{x}^{\lambda} = 0$$

gegeben.

Verwenden wir nun wieder (5.36), um ein Christoffel-Symbol einzufügen, so lautet die Geodätengleichung:

$$\ddot{x}^{\rho} = -\Gamma^{\rho}{}_{\kappa\lambda}\dot{x}^{\kappa}\dot{x}^{\lambda}. \tag{6.11}$$

Die Wirkung des Gravitationsfeldes steckt also durch die Christoffel-Symbole in der Geodätengleichung.

Im Falle eines masselosen Teilchens, wie beispielsweise eines Photons, müssen wir unsere Gleichungen leicht anpassen, denn der Parameter τ darf nicht mit der Eigenzeit identifiziert werden. Für ein Photon gilt $ds = cd\tau = 0$.[4] Aus diesem Grund bezeichnen wir für ein masseloses Teilchen den Bahnparameter mit λ und nicht mit der, aus der SRT bekannten, Eigenzeit τ. Die Berechnung der Bahnkurve erfolgt analog. Diese sogenannten Nullgeodäten lauten:

$$\frac{d^2 x^{\kappa}}{d\lambda^2} = -\Gamma^{\kappa}{}_{\mu\nu}\frac{dx^{\mu}}{d\lambda}\frac{dx^{\nu}}{d\lambda}. \tag{6.12}$$

---

[4] Ein Photon bewegt sich mit Lichtgeschwindigkeit. Also muss $ds = cd\tau = 0$ gelten [FLI 12a, Kap. 11].

Aufgrund von $d\tau = 0$ erhalten wir eine Bedingung für die Geschwindigkeit:

$$0 = g_{\mu\nu}\frac{dx^\mu}{d\lambda}\frac{dx^\nu}{d\lambda}. \tag{6.13}$$

Dies stellt eine Verallgemeinerung des Ausdrucks

$$0 = \eta_{\alpha\beta}dx^\alpha dx^\beta$$

dar, welcher im Rahmen der SRT angibt, dass die Ausbreitungsgeschwindigkeit von elektromagnetischen Wellen die Lichtgeschwindigkeit c ist.

Zur Herleitung dieser Bewegungsgleichung waren die Feldgleichungen der ART nicht nötig. Die einzigen Grundlagen sind das Äquivalenzprinzip und die klassische Mechanik. Wir haben durch Analogie mit der klassischen Variationsrechnung eine relativistische Verallgemeinerung für die Lagrange-Funktion gefunden. Im Fall der kräftefreien Bewegung erhalten wir bis auf einen Faktor m so auch die Verallgemeinerung der kinetischen Energie (siehe auch [SCHR 11, Kap 5.3]). Wir werden

$$L = \frac{1}{2}g_{\mu\nu}\dot{x}^\mu\dot{x}^\nu \tag{6.14}$$

im Kapitel der Nachweise der Allgemeinen Relativitätstheorie aufgreifen. Die Ableitungen $\dot{x}^\mu$ sind als Ableitungen nach dem Parameter λ zu interpretieren. Für Masseteilchen entspricht dies dem Parameter der Eigenzeit τ.

Newton'scher Grenzfall

Ein wichtiger Aspekt einer neuen Gravitationstheorie sollte sein, dass sich die Newton'sche Mechanik als Grenzfall ergibt. Wir diskutieren also den Grenzfall kleiner Geschwindigkeiten in einem schwachen, statischen Feld.[5] In einer konsistenten Theorie muss sich die relativistische Bewegungsgleichung (6.11) im Grenzfall auf die Newton'sche Bewegungsgleichung $m\ddot{\mathbf{r}} = -m\nabla\Phi(\mathbf{r})$ reduzieren.

Wir betrachten die Situation eines statischen und schwachen Gravitationsfeldes. Der metrische Tensor weicht in erster Näherung also nur geringfügig vom Minkowski-Tensor $\eta_{\mu\nu}$ ab. Wir führen einen Korrekturterm $h_{\mu\nu}$ ein, der betragsmäßig dementsprechend klein sein sollte:

$$g_{\mu\nu} = \eta_{\mu\nu} + h_{\mu\nu} \quad \text{mit} \quad |h_{\mu\nu}| = |g_{\mu\nu} - \eta_{\mu\nu}| \ll 1. \qquad (6.15)$$

Die zweite Bedingung im Grenzfall sind kleine Geschwindigkeiten. Deshalb gilt $\frac{dx^i}{d\tau} \ll \frac{dx^0}{d\tau}$, denn die Lichtgeschwindigkeit ist in diesem Fall viel größer als die Geschwindigkeit der Bewegung eines Teilchens. Außerdem ist $\left(\frac{dx^0}{d\tau}\right) \approx c$. Setzen wir diese Bedingungen in die Geodätengleichung (6.11) ein, erhalten wir:

$$\frac{d^2 x^\kappa}{d\tau^2} = -\Gamma^\kappa{}_{\mu\nu}\frac{dx^\mu}{d\tau}\frac{dx^\nu}{d\tau} \approx -\Gamma^\kappa{}_{00}\left(\frac{dx^0}{d\tau}\right)^2 \approx -c^2\,\Gamma^\kappa{}_{00}. \qquad (6.16)$$

Wir berechnen nun die Christoffel-Symbole $\Gamma^\kappa{}_{00}$. Aus der Statik der Felder folgt $g_{\mu\nu,0} = 0$:

$$\Gamma^\kappa{}_{00} \overset{(5.36)}{=} \frac{g^{\kappa\nu}}{2}\left(g_{0\nu,0} + g_{0\nu,0} - g_{00,\nu}\right) = -\frac{g^{\kappa\nu}}{2}g_{00,\nu}. \qquad (6.17)$$

---

[5] Dabei gehen wir wie [FLI 12a, Kap. 11] vor.

Jetzt wenden wir die Näherung (6.15) für schwache Felder an:[6]

$$\Gamma^\kappa{}_{00} = -\frac{\eta^{\kappa\nu} - h^{\kappa\nu}}{2}(\eta_{00,\nu} + h_{00,\nu})$$

$$= -\frac{\eta^{\kappa\nu}(\eta_{00,\nu} + h_{00,\nu})}{2} + \frac{h^{\kappa\nu}(\eta_{00,\nu} + h_{00,\nu})}{2}.$$

Die Ableitungen von η_{00} verschwinden, da die Komponente konstant ist. Zusätzlich betrachten wir aufgrund der Näherung nur die erste Ordnung von $h_{\mu\nu}$:

$$\Gamma^\kappa{}_{00} \approx \frac{-\eta^{\kappa\nu}}{2}h_{00,\nu} \Rightarrow \Gamma^0{}_{00} \approx 0, \ \Gamma^i{}_{00} = \frac{1}{2}h_{00,i}. \tag{6.18}$$

Nun setzen wir unser Ergebnis in die räumlichen Geodätengleichungen (6.16) ein:

$$\frac{d^2 x^i}{d\tau^2} = -c^2 \Gamma^i{}_{00}$$

$$\overset{(6.18)}{=} -\frac{c^2}{2}h_{00,i}. \tag{6.19}$$

Damit die Geodätengleichung (6.19) mit der Newton'schen Bewegungsgleichung (2.6) übereinstimmt, setzen wir $h_{00} := \frac{2\Phi}{c^2}$. Die 00-Komponente des metrischen Tensors können wir nun auch in Abhängigkeit des Gravitationspotentials Φ angeben:

$$h_{00} = \frac{2\Phi}{c^2} \Rightarrow g_{00} = \eta_{00} + \frac{2\Phi}{c^2} = 1 + \frac{2\Phi}{c^2}. \tag{6.20}$$

---

[6] Das negative Vorzeichen, bei der ersten Gleichheit kommt durch Überführen von $g_{\mu\nu}$ in $g^{\mu\nu}$ zustande. Wir werden dies rechnerisch im Abschnitt 10.1 begründen. Siehe dazu Gleichung (10.2).

Beispiel $\mathbb{R}^3$

Auch diese neuen Gleichungen wollen wir in konkreten Koordinaten anwenden und nachvollziehen. Zunächst bestimmen wir die Geodätengleichungen im $\mathbb{R}^3$ in Kugelkoordinaten. Dazu benutzen wir die in Abschnitt 5.4 berechneten Christoffel-Symbole. Hieraus lassen sich die Geodätengleichungen direkt berechnen. Wieder unterdrücken wir direkt alle Terme, die keinen Beitrag liefern:

$$\frac{d^2 r}{d\tau^2} = -\Gamma^1{}_{ik} \frac{dx^i}{d\tau} \frac{dx^k}{d\tau}$$

$$= -\Gamma^1{}_{22} \frac{dx^2}{d\tau} \frac{dx^2}{d\tau} - \Gamma^1{}_{33} \frac{dx^3}{d\tau} \frac{dx^3}{d\tau}$$

$$= r \left(\frac{d\Theta}{d\tau} \right)^2 + r \sin^2 \Theta \left(\frac{d\Phi}{d\tau} \right)^2,$$

$$\frac{d^2 \Theta}{d\tau^2} = -\Gamma^2{}_{ik} \frac{dx^i}{d\tau} \frac{dx^k}{d\tau}$$

$$= -\Gamma^2{}_{12} \frac{dx^1}{d\tau} \frac{dx^2}{d\tau} - \Gamma^2_{21} \frac{dx^2}{d\tau} \frac{dx^1}{d\tau} - \Gamma^2{}_{33} \frac{dx^3}{d\tau} \frac{dx^3}{d\tau}$$

$$= -\frac{2}{r} \frac{dr}{d\tau} \frac{d\Theta}{d\tau} + \sin \Theta \cos \Theta \left(\frac{d\Phi}{d\tau} \right)^2,$$

$$\frac{d^2 \Phi}{d\tau^2} = -\Gamma^3{}_{ik} \frac{dx^i}{d\tau} \frac{dx^k}{d\tau}$$

$$= -\Gamma^3{}_{13} \frac{dx^1}{d\tau} \frac{dx^3}{d\tau} - \Gamma^3{}_{31} \frac{dx^3}{d\tau} \frac{dx^1}{d\tau}$$

$$- \Gamma^3{}_{23} \frac{dx^2}{d\tau} \frac{dx^3}{d\tau} - \Gamma^3{}_{32} \frac{dx^3}{d\tau} \frac{dx^2}{d\tau}$$

$$= -\frac{2}{r} \frac{dr}{d\tau} \frac{d\Phi}{d\tau} - 2 \cot \Theta \frac{d\Theta}{d\tau} \frac{d\Phi}{d\tau}.$$

Beispiel Kugeloberfläche

Nun betrachten wir das Beispiel der 2-Sphäre. Die Geodätengleichungen berechnen sich hier nach Gleichung (6.11) zu:

$$\frac{d^2\Theta}{d\tau^2} = -\Gamma^1{}_{ik}\frac{dx^i}{d\tau}\frac{dx^k}{d\tau} = -\Gamma^1{}_{22}\frac{dx^2}{d\tau}\frac{dx^2}{d\tau}$$
$$= \sin\Theta\cos\Theta\left(\frac{d\Phi}{d\tau}\right)^2,$$
$$\frac{d^2\Phi}{d\tau^2} = -\Gamma^2{}_{ik}\frac{dx^i}{d\tau}\frac{dx^k}{d\tau} = \Gamma^2{}_{12}\frac{dx^1}{d\tau}\frac{dx^2}{d\tau} - \Gamma^2_{21}\frac{dx^2}{d\tau}\frac{dx^1}{d\tau}$$
$$= -2\cot\Theta\frac{d\Theta}{d\tau}\frac{d\Phi}{d\tau}.$$

6.2 Die Eigenzeit

Als nächsten Aspekt diskutieren wir, wie aus den allgemeinen Koordinaten x^μ betrachteter Ereignisse die Zeitintervalle bestimmt werden können, die mitbewegte Uhren anzeigen. Dabei ist eine Differenzierung zwischen Koordinatenzeit t und Eigenzeit τ notwendig. Aus der speziellen Relativitätstheorie ist die Diskussion der Eigenzeit τ bekannt. Sie gibt an, welche Zeit eine im bewegten System ruhende Uhr anzeigt. Im Lehrbuch [FLI 14, Kap. 35] wird gezeigt, dass sie mit $d\tau = \sqrt{1 - \frac{v^2}{c^2}}\,dt$ berechnet wird.

Wir haben bereits gesehen, dass ein Gravitationsfeld Einfluss auf das Wegelement ds^2 der Raum-Zeit hat. Folglich gibt es auch einen Effekt der Gravitation auf eine Uhr im Feld. Wir betrachten zwei zeitlich benachbarte Ereignisse im selben Raumpunkt ($dx = dy = dz = 0$). Das Wegelement reduziert sich für die infinitesimale Änderung der Zeit auf den Summanden dx^0:

$$ds^2 = c^2 d\tau^2 - dx^2 - dy^2 - dz^2 = c^2 d\tau^2 = g_{00}(dx^0)^2$$

$$\Rightarrow d\tau = \frac{ds}{c} = \frac{1}{c}\sqrt{g_{00}}dx^0. \tag{6.21}$$

Ein Eigenzeitintervall zwischen zwei beliebigen Ereignissen im gleichen Raumpunkt ist dann durch das Integral

$$\tau = \frac{1}{c}\int \sqrt{g_{00}}dx^0 \tag{6.22}$$

gegeben.

Zur allgemeineren Betrachtung bewegter Uhren im Gravitationsfeld stellen wir die Gleichung $ds = c\, d\tau$ um:

$$d\tau = \frac{ds}{c} = \frac{1}{c}\left(\sqrt{g_{\mu\nu}(x)dx^\mu dx^\nu}\right). \tag{6.23}$$

Mithilfe dieser allgemeineren Gleichung (6.23) lässt sich ebenfalls die konkrete Eigenzeit im Minkowski-Raum ohne Gravitationsfeld, also der SRT, nachrechnen:

$$d\tau = \frac{1}{c}\left(\sqrt{\eta_{\alpha\beta}(x)dx^\alpha dx^\beta}\right) = \frac{1}{c}\sqrt{c^2 - v^2}dt = \sqrt{1 - \frac{v^2}{c^2}}dt.$$

6.3 Andere Gesetze unter Einfluss der Gravitation

Wir haben im Abschnitt 4.2 aus dem Äquivalenzprinzip eine Methode präsentiert, wie wir ein beliebiges physikalisches Gesetz unter Einfluss der Gravitation beschreiben können. Das Vorgehen ist im Lehrbuch [WEI 72, Kap 5] anhand des Kovarianzprinzips in vier Schritten angegeben:

1. Wir müssen das Gesetz, welches wir unter Einwirken der Gravitation beschreiben möchten, als Gesetz der SRT formulieren: Also als eine Lorentz-Tensorgleichung.

2. Dann müssen wir entscheiden, wie sich die einzelnen physikalischen Größen unter einer allgemeinen Koordinatentransformation verhalten.

3. Im nächsten Schritt ersetzten wir $\eta_{\mu\nu}$ durch $g_{\mu\nu}$.

4. Zuletzt ersetzen wir die partiellen Ableitungen durch kovariante Ableitungen.

Die aus diesen vier Schritten folgenden Gleichungen sind kovariant unter allgemeinen Koordinatentransformationen. Beim letzten Schritt ist allerdings Vorsicht geboten. Im Falle höherer Ableitungen sind nämlich die kovarianten Ableitungen im Gegensatz zu den partiellen Ableitungen nicht vertauschbar.

In den Standardwerken wird dieses Prinzip nun für die verschiedenen Gebiete der Physik angewendet.

7 Die Einstein'schen Feldgleichungen

Nachdem mühsam die wichtigsten mathematischen Grundlagen er-
arbeitet wurden, folgt nun die zentrale Leistung der Allgemeinen
Relativitätstheorie. Einstein stellt seine Erkenntnisse im November
1915 vor.[1] Die Feldgleichungen legen fest, wie die Gravitation die
Raum-Zeit beeinflusst und vice versa. Zusammenfassen lässt sich die
Aussage im häufig zitierten Satz von Wheeler [MTW 73, S. 5]:

"Space acts on matter, telling it how to move. In turn, matter reacts
back on space, telling it how to curve."

Anstatt space ist wohlgemerkt eher spacetime gemeint. Nicht der
dreidimensionale Raum allein ist gekrümmt, sondern die vierdimen-
sionale Raum-Zeit. Das Ziel der Feldgleichungen ist es, für eine ge-
gebene Massenverteilung die Komponenten des metrischen Tensors
zu bestimmen. Damit ist es möglich die Physik in der Raum-Zeit zu
beschreiben.

Bevor wir die Feldgleichungen einführen und interpretieren, fassen wir zusammen, was bisher herausgearbeitet wurde, und welchen
Einfluss dies auf die potentiellen Feldgleichungen hat.

---

[1] Die Originalveröffentlichung findet sich in den Sitzungsberichten der Preußi-
schen Akademie der Wissenschaften [EIN 15].

7.1 Voraussetzungen und Forderungen an die Feldgleichungen

Begonnen wurde mit einer kurzen Beschreibung der Gravitationstheorie von Newton. Da diese Theorie viele Phänomene auf der
Erde in mesokosmischer Größenordnung zu beschreiben vermag,
sollten sich die Gleichungen der Newton'schen Theorie als Grenzfall
einer allgemeineren Theorie ergeben. Im Falle der Feldgleichungen
enthalten diese als Grenzfall die bekannten Poisson- und Laplace-
Gleichungen.

Das Äquivalenzprinzip führt zur Tatsache, dass die Raum-Zeit
nicht flach, sondern gekrümmt ist. Wir können die Gesetze der ART
deshalb nicht in einem globalen Inertialsystem beschreiben. Vielmehr ist die Beschreibung der Gesetze vom Punkt der Betrachtung
abhängig.

Anschließend wurde der Riemann'sche Raum betrachtet. Es stellt
sich natürlich die Frage, warum gerade die Riemann'sche Geometrie
die richtige Geometrie zur Beschreibung der Gravitation ist. Dies
wird im Lehrbuch [PK 06, Kap. 12.1] mit folgender einleuchtender
Überlegung gerechtfertigt:

Nach dem Äquivalenzprinzip können Gravitationskräfte durch
beschleunigte Bewegungen dargestellt werden. Nun haben wir in der
SRT Bewegungen in IS beschrieben. Die Minkowski-Metrik (3.12)
besteht aus konstanten Komponenten. Betrachten wir nun gravitative Effekte, so sind die Komponenten in der Metrik Funktionen
und keine Konstanten mehr. Wir können sie auch nicht durch eine
Koordinatentransformation zu Konstanten transformieren. Deshalb

verwenden wir den allgemeineren Riemann'schen Raum, der alle benötigten Eigenschaften erfüllt.

Wir haben neue Größen eingeführt, die der gekrümmten Raum-Zeit Rechnung tragen. So bestimmt der metrische Tensor $g_{\mu\nu}$, wie Abstände in der gekrümmten Raum-Zeit gemessen werden. Kennen wir den metrischen Tensor $g_{\mu\nu}$, können wir bekannte Gesetze in Gesetze der ART übertragen. So sind die Bewegungsgleichungen nun durch die Geodätengleichungen gegeben. Lösen wir also die Feldgleichungen, erhalten wir die Komponenten des metrischen Tensors $g_{\mu\nu}$.

Weiterhin haben wir einige zusätzliche Symbole und Tensoren eingeführt. Zunächst haben diese Symbole vorherige Ausdrücke komprimiert, ohne dass die Einführung durch einen physikalischen Kontext gerechtfertigt wurde. Die eingeführten Tensoren hängen mit dem metrischen Tensor zusammen und beschreiben somit den zentralen Aspekt der Krümmung der Raum-Zeit. Aus dem obigen Zitat von Wheeler wird deutlich, dass diese Raum-Zeit-Krümmung auch in den Feldgleichungen auftritt. Den Leser wird es wenig überraschen, dass dies genau durch die von uns betrachteten Tensoren geschehen wird.

Noch einmal auf den Punkt gebracht sind an die Aufstellung physikalischer Gesetze in der allgemeinen Relativtätstheorie zwei Bedingungen zu stellen. Im Lehrbuch von Fließbach [FLI 12a, Kap. 19] werden diese Bedingungen als Kovarianzprinzip bezeichnet.

1. Bevor wir die Gesetze aufstellen können, treffen wir Symmetrieannahmen. Als wir die Gleichungen der SRT bestimmt

haben, sind wir vom Einstein'schen Relativitätsprinzip ausgegangen. So ersetzt die Lorentz-Transformation die Galilei-Transformation. Bei den Gesetzen der Allgemeinen Relativitätstheorie ist zusätzlich zum Relativitätsprinzip und der Isotropie des Raumes das Äquivalenzprinzip eine Annahme über die Symmetrie der Raum-Zeit. Aus diesen Annahmen ergeben sich bestimmte Transformationen. Die Gesetze sollen kovariant unter diesen Transformationen sein.[2]

Konkret in der SRT bedeutet dies, dass das Relativitätsprinzip LT erfordert, da diese das Wegelement invariant lassen. Jedes Gesetz im Rahmen der SRT soll nun kovariant unter LT sein. Zur Beschreibung werden also Lorentz- bzw. Vierervektoren benötigt.

Für die Allgemeine Relativitätstheorie haben wir aus dem Äquivalenzprinzip die allgemeinen Koordinatentransformationen begründet. Jedes Gesetz muss also kovariant bezüglich allgemeiner Koordinatentransformationen sein und wird durch Tensoren im Riemann'schen Raum beschrieben.

2. Als zweite Bedingung führen wir explizit die Korrektheit der Gesetze in bekannten Grenzfällen auf. Im LIS müssen die Gesetze der Allgemeinen Relativitätstheorie in die nichtrelativistischen Gleichungen übergehen. Konkret bedeutet dies, dass die Feldgleichungen im Grenzfall in die Poisson-Gleichung (2.9) bzw. die Laplace-Gleichung (2.8) übergehen müssen.

---

[2] Einstein selbst nennt als seiner Theorie zugrunde liegende Prinzipien das Äquivalenzprinzip, das Relativitätsprinzip und das Mach'sche Prinzip [EIN 18].

7.2 Der Energie-Impuls-Tensor

Auf der rechten Seite der Poisson-Gleichung steht ein Ausdruck, der die Massendichte als Quelle der Gravitation beschreibt. Multiplizieren wir die Massendichte mit c^2, so erhalten wir eine Energiedichte. In den Einstein'schen Feldgleichungen werden analog dazu auf der rechten Seite der Gleichung Quellterme auftreten. Die Quellen des Gravitationsfeldes werden durch einen Tensor zweiter Stufe, den Energie-Impuls Tensor $T^{\mu\nu}$, berücksichtigt. Die 00-Komponente stimmt mit ρc^2 der nicht-relativistischen Rechnung überein.

In diesem Abschnitt wird dieser Tensor zweiter Stufe genauer betrachtet. Wir leiten zunächst einige Gesetzmäßigkeiten im Rahmen der SRT ab und verallgemeinern die Aussagen anschließend für die ART in gewohnter Weise.

Als Ausganspunkt wählen wir nicht zusammenhängende und nicht untereinander wechselwirkende Teilchen, beispielsweise in einer Staubwolke. Nach [RYD 09, Kap. 5.2.2.] ist der Energie-Impuls-Tensor dann als

$$T^{\alpha\beta} = \rho_0 u^\alpha u^\beta \tag{7.1}$$

definiert. Dabei bezeichnet ρ_0 die Massendichte der Staubwolke und $u^\alpha = \frac{1}{c}\frac{dx^\mu}{d\tau}$ die Vierergeschwindigkeit. Offensichtlich ist T symmetrisch unter Vertauschung der Indizes α und β.

Wir berechnen nun die einzelnen Komponenten. Dazu stellen wir das Wegelement um:

$$ds^2 = c^2 d\tau^2 = \frac{1}{\gamma^2}c^2 dt^2.$$

Der relativistische Faktor γ tritt also in den Komponenten des Energie-Impuls-Tensors auf. Wir folgern:

$$\frac{d\tau}{dt} = \frac{1}{\gamma}.$$

Damit wird beispielsweise die 00-Komponente von $T^{\alpha\beta}$ zu

$$\rho_0 \left(\frac{dt}{d\tau} \right)^2 = \gamma^2 \rho_0.$$

Ebenso berechnen wir die anderen Komponenten des Energie-Impuls-Tensors und erhalten:

$$T^{\alpha\beta} = \rho_0 \gamma^2 \begin{pmatrix} 1 & \frac{v_x}{c} & \frac{v_y}{c} & \frac{v_z}{c} \\ \frac{v_x}{c} & \frac{v_x^2}{c^2} & \frac{v_x v_y}{c^2} & \frac{v_x v_z}{c^2} \\ \frac{v_y}{c} & \frac{v_x v_y}{c^2} & \frac{v_y^2}{c^2} & \frac{v_y v_z}{c^2} \\ \frac{v_z}{c} & \frac{v_x v_z}{c^2} & \frac{v_y v_z}{c^2} & \frac{v_z^2}{c^2} \end{pmatrix} . \tag{7.2}$$

Eine fundamentale Aussage der Physik ist die Energie- und Impuls-Erhaltung: Betrachten wir ein abgeschlossenes System, auf das keine Kräfte einwirken, so ändert sich weder die Energie noch der Impuls. Ausgedrückt durch den Energie-Impuls-Tensor lautet die Aussage:

$$T^{\alpha\beta}{}_{,\beta} = 0. \tag{7.3}$$

Die Energie-Impuls-Erhaltung gilt nicht nur explizit für abgeschlossene Systeme von Staubwolken. Allgemeiner ist es notwendig alle

Wechselwirkungen zu betrachten, die auf das physikalische System einwirken. Zu jeder dieser Wechselwirkung müssen wir dann einen Energie-Impuls-Tensor aufstellen, der der Gleichung (7.3) genügt. So finden wir in der Literatur [REB 12, Kap. 5.6] zum Beispiel auch Ausdrücke für den Energie-Impuls-Tensor des elektromagnetischen Feldes

$$T_{em}^{\alpha\beta} = \frac{1}{\mu_0}\left(\eta^{\alpha\sigma}F_{\sigma\rho}F^{\rho\beta} + \frac{1}{4}\eta^{\alpha\beta}F_{\rho\sigma}F^{\rho\sigma}\right)$$

mit dem elektromagnetischen Feldstärketensor $F_{\alpha\beta}$. Hier wird dem Leser die Aussage der Gleichung (7.3) vermutlich bekannter sein als bei der Diskussion der Staubwolke, denn es ergeben sich die bekannten Erhaltungsätzen der Elektrodynamik.

Werten wir den Feldstärke-Tensor $F^{\alpha\beta}$ aus, so erkennen wir im Energie-Impuls-Tensor bekannte Größen aus der Elektrodynamik wieder. Für die Details der Rechnung sei auf [REB 12, Kap 5.6] verwiesen.

Die 00-Komponente ist die Energiedichte ω:

$$T^{00} = \frac{1}{\mu_0}\left(\eta^{0\sigma}F_{\sigma\rho}F^{\rho 0} + \frac{1}{4}\eta^{00}F_{\rho\sigma}F^{\rho\sigma}\right)$$
$$= \frac{1}{2}(\mathbf{E}^2 + \mathbf{B}^2) = \omega. \tag{7.4}$$

Die weiteren Komponenten in der ersten Spalte, bzw. ersten Zeile $T^{i0} = T^{0i}$ sind durch den Poynting-Vektor $\mathbf{S}$ gegeben:

$$T^{i0} = T^{0i} = \frac{1}{c}(\mathbf{E}\times\mathbf{B})_i = \frac{1}{c}S_i. \tag{7.5}$$

Die verbleibenden neun Komponenten stellen den sogenannten

Maxwell'schen Spannungstensor dar:

$$T^{ij} = -E_i E_j - B_i B_j + \omega. \tag{7.6}$$

Verallgemeinert bedeutet dies, dass die 00-Komponente des Energie-Impuls-Tensors eine Energiedichte beschreibt. Die Komponenten $T^{i0} = T^{0i}$ können als Energiestromdichte und die Komponenten T^{ij} als Impulsstromdichten interpretiert werden.

Betrachten wir nun ein physikalisches System als Ganzes, müssen wir die Energie-Impuls-Tensoren aller auftretenden Wechselwirkungen addieren:

$$T^{\alpha\beta} = T_M^{\alpha\beta} + T_{em}^{\alpha\beta} + \dots . \tag{7.7}$$

Wie der Energie-Impuls-Tensor für ein beliebiges physikalisches System bestimmt wird, kann in [SCHR 11, Kap. 6.5] nachgelesen werden. Die Symmetrieeigenschaft $T^{\alpha\beta} = T^{\beta\alpha}$ und die Kontinuitätsgleichung (7.3) vererben sich auf den zusammengesetzten Tensor.

Nun verallgemeinern wir unsere Aussagen und gehen vom Minkowski-Raum in den Riemann'schen Raum über. Dazu müssen wir den Tensor $\eta_{\alpha\beta}$ durch den allgemeineren metrischen Tensor $g_{\mu\nu}$ ersetzen. Da $g_{\mu\nu}$ symmetrisch ist, bleibt die Symmetrieeigenschaft des Energie-Impuls-Tensors erhalten. Zusätzlich ersetzen wir in der Kontinuitätsgleichung die jeweiligen partiellen Ableitungen durch kovariante Ableitungen, so wie die verallgemeinerten Geschwindigkeiten des Minkowski-Raum zu denjenigen im Riemann'schen Raum werden.

Nach diesen Anpassungen erhalten wir den Energie-Impuls-Tensor

$$T^{\mu\nu} = \rho_0 u^\mu u^\nu \tag{7.8}$$

mit der wichtigen Eigenschaft

$$T^{\mu\nu}{}_{;\nu} = 0. \qquad (7.9)$$

7.3 Die Feldgleichungen

Die Feldgleichungen, die wir suchen, sind die relativistischen Verallgemeinerungen der Laplace- (2.8) und der Poisson-Gleichung (2.9). Wir betrachten zunächst den Spezialfall im Vakuum. Es ist keine Massenverteilung vorhanden und in der Newton'schen Gravitationstheorie gilt deshalb für das Potential die Laplace-Gleichung. Verallgemeinern wir diese Überlegung in einer relativistischen Theorie, so wird aufgrund der Abwesenheit von Masse, sicherlich ebenfalls die rechte Seite der Gleichung, auf der die Quellterme stehen, Null sein.

Als ersten Ansatz können wir als Verallgemeinerung von $\triangle\Phi$ vermuten, dass in der relativistischen Theorie das Potential Φ durch einen Tensor und dessen partielle Ableitungen durch kovariante Ableitungen ersetzt werden. Wir haben im Abschnitt 5.7 einen Tensor kennengelernt, der kovariante Ableitungen des metrischen Tensors enthält. Wir geben als Verallgemeinerung der Laplace-Gleichung also

$$R^{\kappa}{}_{\mu\lambda\nu} = 0 \qquad (7.10)$$

an. Dem aufmerksamen Leser wird aufgefallen sein, dass diese Formel vorher als Kriterium für einen flachen Raum (siehe (5.7)) aufgetreten ist. Wir haben ihn gerade für diese Aussage konstruiert. In der Folge behauptet unsere verallgemeinerte Laplace-Gleichung (7.10), dass außerhalb einer Massenverteilung die Raum-Zeit flach ist und dort kein Gravitationsfeld existiert. Dies widerspricht den Beobach-

tungen. Die Erde bewegt sich im Gravitationsfeld der Sonne und befindet sich nicht innerhalb der Sonne. Als zweiten Versuch betrachten
wir die Kontraktion des Krümmungstensors, die wir ebenfalls im Abschnitt 5.7 aufgestellt haben. Die relativistische Verallgemeinerung
der Laplace-Gleichung würde jetzt

$$R^{\kappa}{}_{\mu\kappa\nu} = R_{\mu\nu} = 0 \qquad (7.11)$$

lauten. Es sind zehn unabhängige Gleichungen für die zehn Komponenten des metrischen Tensors $g_{\mu\nu}$. Aus der Kontraktion ist Gleichung (7.10) nicht automatisch erfüllt, da der Krümmungstensor aus
20 unabhängigen Komponenten besteht. Es bleiben also zehn freie
Parameter übrig.

Im vorherigen Abschnitt haben wir den Energie-Impuls-Tensor als relativistische Verallgemeinerung der Massendichte eingeführt. Versuchen wir eine relativistische Verallgemeinerung der Poisson-Gleichung
aufzustellen, ersetzen wir ρ durch $T_{\mu\nu}$. Der Ansatz unserer verallgemeinerten Laplace-Gleichung (7.11) führt uns dann auf

$$R_{\mu\nu} = -\kappa T_{\mu\nu}. \qquad (7.12)$$

Die Konstante κ muss dabei so gewählt werden, dass der Wert im
nicht-relativitischen Grenzfall korrekt ist. Das Indexbild dieser Gleichung ist korrekt. Allerdings tritt ein Widerspruch bei der Betrachtung der kovarianten Ableitung dieser Gleichung auf. Wir haben aus
der Energie-Impuls-Erhaltung gefolgert, dass $T^{\mu\nu}{}_{;\nu} = 0$ (7.3) gilt. Für
den Ricci-Tensor $R_{\mu\nu}$ ist diese Relation allerdings nicht erfüllt. Mit
den Bianchi-Identitäten (5.56) aus Abschnitt 5.7 können wir jedoch
eine Gleichung konstruieren, für die diese Eigenschaft erfüllt ist. Wir

kontrahieren in den Bianchi-Identitäten die Indizes $\mu = \rho$, (7.13):

$$R^{\mu}{}_{\nu\rho\sigma;\lambda} + R^{\mu}{}_{\nu\sigma\lambda;\rho} + R^{\mu}{}_{\nu\lambda\rho;\sigma} = 0 \qquad (7.13)$$

$$\Rightarrow R^{\mu}{}_{\nu\mu\sigma;\lambda} + R^{\mu}{}_{\nu\sigma\lambda;\mu} + R^{\mu}{}_{\nu\lambda\mu;\sigma} = 0.$$

Jetzt verwenden wir zulässige Symmetrien der Indizes und tauschen im letzten Term μ und λ:

$$\Leftrightarrow R^{\mu}{}_{\nu\mu\sigma;\lambda} + R^{\mu}{}_{\nu\sigma\lambda;\mu} - R^{\mu}{}_{\nu\mu\lambda;\sigma} = 0$$

$$\Leftrightarrow R_{\nu\sigma;\lambda} + R^{\mu}{}_{\nu\sigma\lambda;\mu} - R_{\nu\lambda;\sigma} = 0.$$

Wir multiplizieren anschließend mit $g^{\nu\sigma}$. Dadurch werden einige Indizes verschoben und wir können weiter umformen.

$$g^{\nu\sigma} R_{\nu\sigma;\lambda} + g^{\nu\sigma} R^{\mu}{}_{\nu\sigma\lambda;\mu} - g^{\nu\sigma} R_{\nu\lambda;\sigma} = 0$$

$$\Leftrightarrow R^{\nu}{}_{\nu;\lambda} - R^{\mu\nu}{}_{\lambda\nu;\mu} - R^{\sigma}{}_{\lambda;\sigma} = 0$$

$$\Leftrightarrow R_{;\lambda} - R^{\mu}{}_{\lambda;\mu} - R^{\sigma}{}_{\lambda;\sigma} = 0.$$

Wir können die Benennung der stummen Indizes frei anpassen, sodass die hinteren Terme zusammengefasst werden können. Im vorderen Term fügen wir ein δ^{ρ}_{λ} ein, um die Ableitung aus der Differenz ausklammern können:

$$\Leftrightarrow \delta^{\rho}_{\lambda} R_{;\rho} - 2R^{\rho}{}_{\lambda;\rho} = 0$$

$$\Leftrightarrow (\delta^{\rho}_{\lambda} R - 2R^{\rho}{}_{\lambda})_{;\rho} = 0$$

$$\Leftrightarrow (-\frac{1}{2}\delta^{\rho}_{\lambda} R + R^{\rho}{}_{\lambda})_{;\rho} = 0.$$

Jetzt multiplizieren wir abermals mit $g^{\lambda\nu}$:

$$\Leftrightarrow \quad (-\frac{1}{2}g^{\lambda\nu}\delta_\lambda^\rho R + g^{\lambda\nu}R^\rho{}_\lambda)_{;\rho} = 0$$

$$\Leftrightarrow \qquad (-\frac{1}{2}g^{\rho\nu}R + R^{\rho\nu})_{;\rho} = 0. \qquad (7.14)$$

Der Term innerhalb der Klammern von (7.14) erfüllt also $G^{\rho\nu}{}_{;\rho} = 0$. Er wird Einstein-Tensor genannt. Ändern wir ein letztes Mal die Indizes, so erhalten wir den Tensor in der in der Literatur oft verwendeten Gestalt:

$$G^{\mu\nu} = R^{\mu\nu} - \frac{1}{2}g^{\mu\nu}R. \qquad (7.15)$$

Somit haben wir die Feldgleichungen (7.12) weiter verwertet. Sie lauten nun, wenn wir die Indizes wieder unten schreiben:

$$R_{\mu\nu} - \frac{R}{2}g_{\mu\nu} = -\kappa T_{\mu\nu}. \qquad (7.16)$$

Die linke Seite der Gleichung ist ein Ausdruck, der aus dem metrischen Tensor und dessen Ableitungen besteht. Die relativistische Verallgemeinerung der Laplace-Gleichung (7.11) ist durch die neue Gleichung (7.16) ebenfalls erfüllt. Machen wir uns diese Aussage klar, indem wir in (7.16) die rechte Seite gleich Null setzen und dann die Gleichung mit $g^{\mu\nu}$ multiplizieren.

Wir erhalten unsere verallgemeinerte Laplace-Gleichung:

$$R_{\mu\nu} - \frac{R}{2}g_{\mu\nu} = 0$$

$$\Rightarrow \quad g^{\mu\nu}R_{\mu\nu} - \frac{R}{2}g^{\mu\nu}g_{\mu\nu} = 0$$

$$\overset{(5.25)}{\Leftrightarrow} \quad R - \frac{4}{2}R = 0$$

$$\Leftrightarrow \quad R = 0 \Rightarrow R_{\mu\nu} = 0. \tag{7.17}$$

Um die in der Literatur angegebenen Einstein'schen Feldgleichungen zu erhalten, müssen wir in unseren Feldgleichungen (7.16) die Proportionalitätskonstante κ bestimmen. Wie kann eine solche Konstante bestimmen werden? Die Gleichungen müssen mit den Grenzfällen konform sein. Klar ist, dass die Konstante die Gravitationskonstante G enthalten wird. Weitere Faktoren versuchen wir durch eine Dimensionsanalyse abzuleiten. Dazu stellen wir unsere Feldgleichungen um, sodass wir die Dimensionen einfach ablesen können. Wir schreiben die Feldgleichungen (7.16) mit gemischter ko- und kontravarianter Schreibweise durch Multiplikation mit $g^{\mu\rho}$:

$$g^{\mu\rho}(R_{\mu\nu} - \frac{R}{2}g_{\mu\nu}) = g^{\mu\rho}(-\kappa T_{\mu\nu})$$

$$\Leftrightarrow \quad R^{\rho}{}_{\nu} - \frac{R}{2}g^{\mu\rho}g_{\mu\nu} = -\kappa T^{\rho}{}_{\nu}$$

$$\Leftrightarrow \quad R^{\rho}{}_{\nu} - \frac{R}{2}\delta^{\rho}_{\nu} = -\kappa T^{\rho}{}_{\nu}.$$

Kontrahieren wir wie in (7.17), ergibt sich

$$R - \frac{4}{2}R = -\kappa T$$

$$\Leftrightarrow \qquad R = \kappa T. \qquad\qquad (7.18)$$

Wir haben den kontrahierten Energie-Impuls-Tensor analog zu $R^\mu{}_\mu = R$ mit $T = T^\mu{}_\mu$ abgekürzt.

Nun können wir mit (7.18) eine Dimesionsanalyse durchführen. Der Krümmungsskalar hat die Dimension $[L^{-2}]$ und $T^\mu{}_\mu = T$ die Dimension einer Energiedichte $[ML^{-1}T^{-2}]$.

Der Proportionalitätsfaktor κ muss also die Dimension $[L^{-1}M^{-1}T^2]$ haben. Nun haben wir bereits erwähnt, dass in der Konstante die Gravitationskonstante G auftreten wird, sie hat die Dimension $[L^{-3}M^{-1}T^{-2}]$. Dies lässt den Schluss zu, dass bis auf einen Zahlenwert, κ mit $\frac{G}{c^4}$ übereinstimmt, denn dann ist die Dimension gleich: $L^{-3}M^{-1}T^{-2} \times (L^{-1}T)^4 = L^{-1}M^{-1}T^2$. Den numerischen Faktor bestätigen wir später bei der Betrachtung des Newton'schen Grenzfalls, nehmen ihn aber schon einmal vorweg, um die Einstein'schen Feldgleichungen komplett angeben zu können.

Der Faktor wird sich zu 8π ergeben. Also gilt:

$$\kappa = \frac{8\pi G}{c^4}.$$

Somit erhalten wir zum Abschluss des Kapitels die Einstein'schen Feldgleichungen, wie sie in der Literatur meist angegeben werden:

$$R_{\mu\nu} - \frac{R}{2}g_{\mu\nu} = -\frac{8\pi G}{c^4}T_{\mu\nu}. \qquad\qquad (7.19)$$

Ebenso ist es möglich mit Gleichung (7.18) die Feldgleichungen in eine alternative Form zu bringen, mit der später noch argumentiert wird:

$$G_{\mu\nu} = R_{\mu\nu} - \frac{R}{2}g_{\mu\nu} = -\frac{8\pi G}{c^4}T_{\mu\nu}$$

$$\Leftrightarrow \qquad R_{\mu\nu} = -\frac{8\pi G}{c^4}T_{\mu\nu} + \frac{R}{2}g_{\mu\nu}$$

$$\overset{(7.18)}{=} -\frac{8\pi G}{c^4}\left(T_{\mu\nu} - \frac{T}{2}g_{\mu\nu}\right). \qquad (7.20)$$

7.4 Eigenschaften der Feldgleichungen

Wir haben die Feldgleichungen implizit aus vier Forderungen formuliert, die im Lehrbuch [FLI 12a, Kap. 21] konkret aufgelistet sind. Diese Forderungen sind zwar plausibel, allerdings sind sie willkürlich gewählt. Alternative Gravitationstheorien basieren zum Teil auf anderen Forderungen. Vor diesem Hintergrund ist es sinnvoll die geforderten Eigenschaften anzugeben:[3]

1. Die Feldgleichungen sind Riemann-Tensorgleichungen. Also ist auch $G^{\mu\nu}$ ein Riemann-Tensor.

2. Der Einstein-Tensor $G^{\mu\nu}$ besteht aus den ersten und zweiten Ableitungen des metrischen Tensors.

3. Der Energie-Impuls-Tensor ist symmetrisch in seinen Indizes und erfüllt den Erhaltungssatz (7.3). Diese Eigenschaften gelten also auch für den Einsteintensor $G^{\mu\nu}$ (7.14).

---

[3] Die Formulierung ist an [FLI 12a, Kap. 21] angelehnt.

4. Zusätzlich wird die Übereinstimmung im Newton'schen Grenzfall gefordert, die wir im Abschnitt 7.5 überprüfen werden.

Alternativ zu unserer Motivation der Feldgleichungen der Gravitation kann auch ein Zugang über das Variationsprinzip gewählt werden. Diese Methode entspricht der Argumentation von Hilbert, die
unabhängig von Einsteins Veröffentlichungen auch aus dem Jahr 1915
stammt [PAI 09, Kap. 14d].[4]

Betrachten wir nun die Struktur der Einstein'schen Feldgleichungen (7.19) genauer. Aufgrund der Symmetrie der Tensoren sind die
Feldgleichungen zehn algebraisch unabhängige Gleichungen, da sym-
metrische Tensoren zweiter Stufe zehn unabhängige Komponenten
haben. Diese zehn Gleichungen reichen jedoch nicht aus, um die zehn
Komponenten des metrischen Tensors $g_{\mu\nu}$ festzulegen, denn die zehn
Funktionen $G^{\mu\nu}$ sind nicht alle unabhängig voneinander. Vielmehr
genügen sie nach unserer obigen Konstruktion den vier Bedingun-
gen $G^{\mu\nu}{}_{;\nu} = 0$. Diese Unbestimmtheit der Lösung für $g_{\mu\nu}$ folgt aus
dem Kovarianzprinzip. Die vier freien Bedingungen entsprechen der
Wahl eines Koordinatensystems. Eine Koordinatentransformation
entspricht genau der Wahl von vier Funktionen $x^\mu(x'^\nu)$. Also können
die Feldgleichungen nur sechs der zehn Funktionen von $g_{\mu\nu}$ festlegen.
Wir haben somit die Freiheit je nach Symmetrie des Problems geschickte Koordinaten zu wählen, die die Berechnungen erleichtern.
Ein ähnliches Eichprinzip ist aus der Elektrodynamik bekannt.[5] Wir
werden die Analogie im Kapitel der Gravitationswellen verwenden.

---

[4] Eine Diskussion dieses Zugangs ist in [HEL 06, Kap. 19] zu finden. Für die
historischen Hintergründe des Austausches zwischen Einstein und Hilbert sei
[PAI 09, Kap. 14d] empfohlen.

[5] Zum Eichprinzip in der Elektrodynamik siehe auch [NOL 13c, Kap. 4.1.3].

Lösungsmöglichkeiten der Feldgleichungen

Ein großer und entscheidender Unterschied zur Elektrodynamik ist die Nicht-Linearität der Feldgleichungen. Wir können das Prinzip der Superposition nicht anwenden. Hierdurch wird das Auffinden von Lösungen massiv erschwert, denn es existiert kein allgemeines Verfahren, solche Gleichungen bei beliebig gegebener Quelle zu lösen.

Unter bestimmten Annahmen der Symmetrie, wie zum Beispiel der Suche nach einer zeitunabhängigen Lösung, können wir exakte Lösungen finden. Eine solche Lösung ist die Schwarzschild-Lösung, welche wir ausführlich im anschließenden Kapitel diskutieren werden.

Für schwache Felder können wir die Feldgleichungen linearisieren. Diese Näherung führt auf Gleichungen, die wir ähnlich der Gleichung der Elektrodynamik lösen können. Diesen Fall diskutieren wir, wenn wir uns mit den Gravitationswellen beschäftigen.

In der Literatur wird häufig noch eine dritte Lösungsmöglichkeit der Einstein'schen Feldgleichungen genannt. Für schwache Felder und langsam bewegte Teilchen kann eine sogenannte "Post-Newton"-Näherung der Feldgleichungen und auch der Bewegungsgleichungen durchgeführt werden. Auch diese Näherungen lassen sich lösen. In dieser Arbeit werden wir diese Lösungsmöglichkeit aber nicht weiter diskutieren.[6]

7.5 Der Newton'sche Grenzfall

Einsteins Allgemeine Relativitätstheorie ist die relativistische Verallgemeinerung von Newtons Gravitationstheorie. Eine der Bedingungen an die relativistischen Feldgleichungen ist, dass sich im nicht-

---

[6] Der Leser findet eine ausführliche Diskussion in [WEI 72, Kap. 9].

relativistischen Grenzfall die Gleichungen der Newton'schen Theorie ergeben.

Der nicht-relativistische Fall umfasst langsam veränderliche, schwache Gravitationsfelder. In diesem Sinne ist die Newton'sche Gravitationsformel auch die nullte Stufe der erwähnten Post-Newton'schen Näherung. Zusätzlich bewegen sich die felderzeugenden Massen nur langsam ($v \ll c$) [RYD 09, Kap. 5.1].

Da das Gravitationsfeld schwach ist können wir wieder, wie im Kapitel der Geodätengleichung 6.1, den metrischen Tensor durch einen linearen Ansatz annähern (vgl. (6.15)). Auf der rechten Seite der Feldgleichungen (7.19) treten die Quellen des Gravitationsfeldes durch den Energie-Impuls-Tensor auf. In der Newton'schen Theorie ist die Quelle des Gravitationsfeldes die Massendichte ρ.

Gehen wir nun in das Schwerpunktsystem der felderzeugenden Masse über, sind nach Wahl dieses Bezugssystems alle Geschwindigkeiten sehr viel kleiner als c und die Energiedichte beträgt:

$$T_{00} = \rho c^2. \tag{7.21}$$

Alle anderen Komponenten des Energie-Impuls-Tensors (7.2) sind, da in ihnen der Faktor v auftritt, vernachlässigbar. Wir geben auch den kontrahierten Tensor $T = T^{\mu}{}_{\mu} = \rho c^2$ an. Alle Komponenten auf der Diagonalen von (7.2), außer T_{00}, sind nämlich von der Geschwindigkeit v abhängig.

Wenn wir die Feldgleichungen im Newton'schen Grenzfall betrachten, ist also nur die 00-Komponente des Energie-Impuls-Tensors relevant. Mit der alternativen Darstellung der Feldgleichungen (7.20) können wir dann die 00-Komponente des Ricci-Tensors bestimmen:

$$R_{00} = -\frac{8\pi G}{c^4}\left(T_{00} - \frac{T}{2}g_{00}\right)$$

$$= -\frac{8\pi G}{c^4}\left(\rho c^2 - \frac{\rho c^2}{2}\right)$$

$$= -\frac{4\pi G}{c^2}\rho. \tag{7.22}$$

Um nun die bekannten Gleichungen der Newton'schen Theorie zu erhalten, bestimmen wir die 00-Komponente des Ricci-Tensors mithilfe der Definition des Tensors (5.58). Wegen der nicht-relativistischen Näherung können wir die quadratischen Terme der Christoffel-Symbole vernachlässigen:

$$R_{00} \approx \Gamma^{\mu}{}_{0\mu,0} - \Gamma^{\mu}{}_{00,\mu}.$$

Wir haben gefordert, dass sich in diesem Grenzfall das Gravitationsfeld zeitlich nur langsam ändert. Demnach können wir auch die zeitliche Ableitung $\Gamma^{\mu}{}_{\kappa\nu,0}$ vernachlässigen. Der Ricci-Tensor wird dann aus den räumlichen Ableitungen gebildet:

$$R_{00} \approx -\Gamma^{i}{}_{00,i}. \tag{7.23}$$

Die Christoffel-Symbole $\Gamma^{i}{}_{00}$ haben wir für die Näherung von $g_{\mu\nu}$ schon in Abschnitt (6.1) über die Geodätengleichung bestimmt (Gleichung (6.18)).

Durch sukzessives Einsetzen folgt:

$$R_{00} = -\frac{4\pi G}{c^4}\rho c^2$$

$$\overset{(7.23)}{\Leftrightarrow} \quad -\Gamma^i{}_{00,i} = -\frac{4\pi G}{c^2}\rho$$

$$\overset{(6.18)}{\Leftrightarrow} \quad -\frac{1}{2}h_{00,i,i} = -\frac{4\pi G}{c^2}\rho$$

$$\Leftrightarrow \quad -\frac{1}{2}\triangle h_{00} = -\frac{4\pi G}{c^2}\rho$$

$$\Leftrightarrow \quad -\triangle h_{00} = -\frac{8\pi G}{c^2}\rho. \tag{7.24}$$

Als wir die Geodätengleichung aufgestellt haben, haben wir einen Zusammenhang zwischen h_{00} und dem Gravitationspotential Φ der Newton'schen Theorie gefunden. Setzen wir $h_{00} = \frac{2\Phi}{c^2}$ in (7.24) ein, so ergibt sich die bekannte Poisson-Gleichung und wir haben also die Feldgleichungen im nicht-relativistischen Grenzfall auf die Newton'sche Gravitationsgleichung zurückgeführt:

$$\triangle\frac{2\Phi}{c^2} = \frac{8\pi G}{c^2}\rho$$

$$\Leftrightarrow \quad \triangle\Phi = 4\pi G\rho. \tag{7.25}$$

Die Laplace-Gleichung ergibt sich natürlich analog, wenn direkt von $R_{\mu\nu} = 0$ ausgehend argumentiert wird.

7.6 Alternative Theorien

Die Allgemeine Relativitätstheorie hat bisher allen experimentellen Überprüfungen standgehalten. Wir beschäftigen uns ausführlich mit den Tests der Theorie im Kapitel 9 und im Abschnitt 10.7. Trotzdem wurden im Laufe des letzten Jahrhunderts immer wieder modifizierte oder neue Gravitationstheorien aufgestellt. Neue Theorien geben Aufschlüsse darüber, gegen welche alternativen Ansätze Einsteins Theorie getestet werden sollte. Sie produzieren neue Tests, an denen wir die Vorhersagen überprüfen können [MTW 73, Kap. 39.1]. Eine alternative Gravitationstheorie sollte nach [MTW 73, Kap. 39.1] drei einleuchtenden Bedingungen genügen:

1. Eine neue Theorie muss in sich selbst konsistent sein.

2. Als zweite Bedingung sollte sie vollständig sein. Eine alternative Gravitationstheorie muss den Anspruch haben alle Aspekte der Gravitation zu beschreiben.

3. Und natürlich müssen bereits experimentell bestimmte Ergebnisse mit den Vorhersagen der Theorie übereinstimmen.

Einen guten Überblick von alternativen Gravitationstheorien liefert ein Kapitel des Lehrbuchs [PK 06, Kap 12.16]. Wir beschränken uns an dieser Stelle auf eine kurze Diskussion der Theorie von Brans und Dicke.[7]

Die Brans-Dicke-Theorie

Brans und Dicke veröffentlichten ihre Theorie 1961 [BD 61]. Die Theorie ist eine Verallgemeinerung von Einsteins Gravitationstheorie und basiert somit ebenfalls auf dem Äquivalenzprinzip.[8] Die Gra-

---

[7] Neben der Brans-Dicke-Theorie werden in [PK 06, Kap. 12.16] die Theorien von Bergmann-Wagoner, Canuto, Einstein-Cartan, Rosen und Kaluza-Klein diskutiert.

[8] Die Theorie beschreibt die Gravitation also ebenfalls als eine Krümmung der Raum-Zeit. Materie wird analog zu Einsteins Theorie durch den Energie-Impuls-Tensor $T^{\mu\nu}$ repräsentiert [HEL 06, Kap 8A].

vitationskonstante G wird in dieser alternativen Theorie durch ein Skalarfeld Φ ersetzt. In das Skalarfeld fließt die Verteilung der gesamten Materie im All ein. Gewissermaßen wird also das Mach'sche Prinzip einbezogen [WIL 13, Kap.8]. Somit ist die Gravitationskonstante bedingt durch die Krümmung der Raum-Zeit veränderlich. Die Feldgleichungen in der Theorie von Brans-Dicke werden dann zu

$$R_{\mu\nu} - \frac{1}{2}g_{\mu\nu}R = \frac{8\pi}{\Phi}T_{\mu\nu} + \frac{\omega}{\Phi^2}\left(\Phi_{,\mu}\Phi_{,\nu} - \frac{1}{2}g_{\mu\nu}\Phi_{,\sigma}\Phi^{,\sigma}\right)$$
$$+ \frac{1}{\Phi}\left(\Phi_{;\mu\nu} - g_{\mu\nu}g^{\alpha\beta}\Phi_{;\alpha\beta}\right) ,$$
$$g^{\alpha\beta}\Phi_{;\alpha\beta} - \frac{1}{2\Phi}\Phi_{,\alpha}\Phi^{,\alpha} + \frac{\Phi}{2\omega}R = 0.$$

Die Konstante ω bestimmt die Abweichung von der Gravitationstheorie nach Einstein. Für $\Phi = \frac{c^4}{G}$ und $\omega \to \infty$ gehen die beiden Theorien in einander über.[9] Beobachtbare Unterschiede in Experimenten könnten für $\omega \leq 6$ auftreten. Insbesondere gilt dies bei der später diskutierten Periheldrehung. Bisherige Experimente zeigen nur mögliche Werte $\omega \geq 23$ auf, sodass die Brans-Dicke-Theorie dieselben Vorhersagen wie die Allgemeine Relativitätstheorie liefert. In diesem Sinne wird die einfachere ART bevorzugt. Die Autoren des Lehrbuchs [PK 06, S.149] bemerken allerdings, dass dies eventuell nur eine vorübergehende Situation ist. In der Zukunft könnte es Experimente geben, bei denen eine Unterscheidung zwischen den beiden Theorien möglich ist.

---

[9] Wegen der Willkür des Parameters ω wurde die Brans-Dicke-Theorie zunächst stark kritisiert [WIL 13, Kap. 8].

7.7 Die kosmologische Konstante

Die Einstein'schen Feldgleichungen wurden im vorherigen Abschnitt anhand einiger plausibler Argumente und Annahmen motiviert. Aufbauend darauf konnten die Gleichungen aufgestellt werden. Dies kommt jedoch keiner Herleitung gleich. Lassen sich also alternative Feldgleichungen finden, die zur Beschreibung der Gravitation in Frage kommen oder sogar die Einstein'schen Feldgleichungen verallgemeinern?

Lassen wir unsere Bedingungen fix, so sind die Einstein'schen Gleichungen die einzigen möglichen Gleichungen, die infrage kommen. Allerdings sind diese Bedingungen, auch wenn sie aus einer plausiblen Argumentation stammen, Annahmen [FLI 12a, Kap. 21].

Beispielsweise können wir die Forderung aufweichen, dass der Einstein-Tensor nur aus ersten und zweiten Ableitungen des metrischen Tensors besteht und lineare Terme in $g_{\mu\nu}$ erlauben. Die alternativen Feldgleichungen lauten dann:

$$R_{\mu\nu} - \frac{R}{2} g_{\mu\nu} + \Lambda g_{\mu\nu} = -\frac{8\pi G}{c^4} T_{\mu\nu}. \qquad (7.26)$$

Einstein selbst hatte zunächst diese Variante in Betracht gezogen [PAI 09, Kap. 15]. Den Koeffizienten Λ führte er als sogenannte kosmologische Konstante ein. Zu Beginn des 20. Jahrhunderts geht die Wissenschaft von einem statischen Universum aus.[10] Die Feldgleichungen sind damit allerdings nur konform, wenn die kosmologische Konstante ergänzt ist [WEI 89, Kap. 1]. Da dieses Weltmodell nach Entdeckungen von Hubble nicht mehr haltbar sind, bezeichnete Ein-

---

[10] Zum statischen Modell des Universums siehe auch die Diskussion des Einstein-Universums in [MØL 55, Kap. 12].

stein die Einführung der kosmologischen Konstante angeblich selbst
als den größten Schnitzer seines Leben [SCHR 11, Kap. 7.4]. Kosmologische Weltmodelle gehen über das Thema dieser Arbeit hinaus.
Eine umfangreiche Darstellung findet sich unter anderem im Lehrbuch [WEI 72, Kap. 15].

An dieser Stellen wollen wir nur zeigen, wie die Feldgleichungen
mit kosmologischer Konstante, (7.26), die weiteren Bedingungen an
die Beschreibung der Gravitation erfüllen.

Die kosmologische Konstante Λ führen wir als Riemann-Skalar ein,
sodass die linke Seite der Feldgleichung weiterhin ein Riemann-Tensor
ist. Wir haben den Einstein-Tensor eingeführt, weil er die Gleichung
$G^{\mu\nu}{}_{;\nu} = 0$ erfüllt. Die neuen Feldgleichungen erfüllen diese Bezie-
hung offensichtlich auch, denn die kovariante Ableitung des metrischen Tensor $g^{\mu\nu}{}_{;\nu}$ ist gleich Null.[11]

Die letzte Forderung an die Feldgleichungen ist der Newton'sche
Grenzfall. Nach Einführung der Kosmologischen Konstante gehen die
Gleichungen allerdings nicht mehr in die Newton'schen Gleichungen
über. Damit dieser Grenzfall kein Problem darstellt, muss der Wert
der Kosmologischen Konstante demnach sehr klein sein.

---

[11] Es lässt sich sogar zeigen, dass $G^{\mu\nu} + \Lambda g^{\mu\nu}$ der einzige Tensor vom Typ $A^{\mu\nu}$
ist, der dies erfüllt [LOV 72].

8 Die Schwarzschild-Lösung

Wir haben die wichtigsten Gleichungen der Allgemeinen Relativitätstheorie kennengelernt. Es gibt jedoch kein allgemeines Verfahren exakte Lösungen der Feldgleichungen zu einer beliebigen Quellverteilung zu finden. In vielen Fällen ist es analytisch sogar gar nicht
möglich.

Karl Schwarzschild hat 1916 die wohl einfachste exakte Lösung
gefunden. Er betrachtet in seiner Veröffentlichung [SCHW 16] eine
lokalisierte, kugelförmige Massenverteilung. Mithilfe des metrischen
Tensors, der die Feldgleichungen in diesem Fall löst, lassen sich Beobachtungen in unserem Sonnensystem beschreiben. Die Sonne und
die Erde stellen nämlich in erster Näherung kugelförmige Massenverteilungen dar. Außerdem wird zur Vereinfachung angenommen, dass
außerhalb der Massenverteilung keine Quellen existieren und somit
der Energie-Impuls-Tensor gleich Null ist. Wir betrachten also die
Feldgleichungen im Vakuum (7.11). Zudem soll die Lösung statisch
sein.

Die Aufgabe dieses Kapitels ist es diese exakte Lösung in der gegebenen Geometrie zu finden. Gewissermaßen wenden wir nun die
gesammelten Erkenntnisse der vorherigen zwei Kapitel an, um die
einzige auf unserem Niveau herleitbare Lösung zu finden. Die Argumentation ist an der Darstellung des Lehrbuchs [DD 15, Kap. 20.2]
orientiert.

8.1 Die Berechnung des metrischen Tensors

Wir betrachten eine lokalisierte, kugelsymmetrische Massenverteilung um den Koordinatenursprung. Außerhalb der Massenverteilung befinden sich keine Quellen von Gravitationsfeldern. Wichtig ist es, sich klar zu machen, dass unsere Lösung nur außerhalb der Massenverteilung gültig sein wird. Innerhalb dieser können wir unsere gerade getroffenen Annahmen nicht aufrecht erhalten.

Um eine Lösung der Feldgleichungen in dieser Symmetrie zu finden, gehen wir nun schrittweise vor. Zur Lösung müssen wir den Ricci-Tensor (5.57) aufstellen. Für den Ricci-Tensor benötigen wir wiederum die Christoffel-Symbole (5.36), die sich aus den Ableitungen des metrischen Tensors ergeben.

Damit die Darstellung übersichtlich bleibt und der rote Faden der Rechnung erkennbar ist, werden wir dieses Kapitel nach den einzelnen Lösungsschritten gliedern:

1. Als ersten Schritt müssen wir einen Ansatz für das Wegelement finden. Es hängt direkt von der gewählten Geometrie ab. Aus diesem Ansatz erhalten wir den metrischen Tensor mit einigen Unbekannten, die wir in der folgenden Rechnung dann bestimmen wollen.

2. Dann bestimmen wir die Ableitungen der Komponenten des metrischen Tensors.

3. Aus den Ableitungen können wir die Christoffel-Symbole berechnen.

4. Auch von den Christoffel-Symbolen benötigen wir die Ableitungen, um den Ricci-Tensor zu bestimmen.

5. Im letzten Schritt lösen wir die Gleichung $R_{\mu\nu} = 0$ und bestimmen dadurch die Unbekannten in den Komponenten des metrischen Tensors.

Wegelement

Wir haben in Kapitel 5 schon das Beispiel einer Kugeloberfläche im $\mathbb{R}^3$ betrachtet. Nun erweitern wir dieses Wegelement zu einem allgemeineren Ausdruck in der vierdimensionalen Raum-Zeit. In unserem kugelsymmetrischen Feld sind alle radialen Richtungen gleich gestellt. Also muss das Wegelement für alle Punkte gleichen Radius gleich sein. Somit kann das Wegelement nur solche Funktionen enthalten, die bei räumlicher Drehung invariant bleiben. Das Wegelement

$$ds^2 = A(r,t)dt^2 - B(r,t)dr^2 - 2C(r,t)dtdr$$
$$- D(r,t)(d\Theta^2 + \sin^2\Theta d\Phi^2) \tag{8.1}$$

ist das allgemeinste Wegelement in Kugelkoordinaten, welches diese Drehinvarianz erfüllt. Die Vorzeichen der Summanden seien so gewählt, dass die Koeffizienten positiv sind. Nun können wir durch eine geschickte Wahl von Koordinaten (8.1) vereinfachen. Setzen wir $r' := \sqrt{D}$, so erkennen wir im hinteren Teil des Wegelements unser bekanntes Wegelement aus dem Beispiel des Kapitels 5 wieder. Die anderen Koeffizienten sind ebenfalls Funktionen von r'. Folglich müssen wir die Bezeichnung anpassen. Nun verfahren wir ähnlich mit der Zeitkoordinate und definieren eine neue Zeitkoordinate t' mit $dt' = \omega(\widetilde{A}dt + \widetilde{C}dr)$.

Dann können wir den Ausdruck $\tilde{A}(r,t)dt^2 + 2\tilde{C}(r,t)dtdr$ aus Gleichung (8.1) in diesen neuen Koordinaten ausdrücken:

$$A(r,t)dt^2 - 2C(r,t)dtdr = \frac{dt'^2}{\tilde{A}\omega^2} - \frac{\tilde{C}^2 dr^2}{\tilde{A}}. \tag{8.2}$$

Durch Ausnutzen der Wahlfreiheit der Koordinaten haben wir den gemischten Term $2C(r,t)dtdr$ eliminiert. Zweckmäßig schreiben wir die verbleibenden Koeffizienten in exponentieller Form $A = e^{2\nu}c^2$ und $B = e^{2\lambda}$. Dieser Schritt wird häufig in der Literatur verwendet und vereinfacht die Rechnung. Er legitimiert sich auch rückwirkend, wenn die Lösung gefunden ist. Auch benennen wir zur besseren Übersicht unsere neuen Koordinaten wieder um und schreiben sie ohne Striche und Schlangen. Jetzt haben wir das Wegelement für unsere Schwarzschild-Geometrie zu

$$ds^2 = e^{2\nu(r)}c^2dt^2 - e^{2\lambda(r)}dr^2 - r^2(d\Theta^2 + \sin^2(\Theta)d\Phi^2) \tag{8.3}$$

bestimmt.

Wir lesen aus dem Wegelement, wie im Kapitel 5, den metrischen Tensor ab:

$$g_{\mu\nu} = \begin{pmatrix} e^{2\nu(r)} & 0 & 0 & 0 \\ 0 & -e^{2\lambda(r)} & 0 & 0 \\ 0 & 0 & -r^2 & 0 \\ 0 & 0 & 0 & -r^2 \sin^2\Theta \end{pmatrix}, \tag{8.4}$$

$$g^{\mu\nu} = \begin{pmatrix} e^{-2\nu(r)} & 0 & 0 & 0 \\ 0 & -e^{-2\lambda(r)} & 0 & 0 \\ 0 & 0 & -r^{-2} & 0 \\ 0 & 0 & 0 & -r^{-2} \sin^{-2}\Theta \end{pmatrix}. \tag{8.5}$$

Dieser Ausdruck hängt von den Funktionen $\nu(r)$ und $\lambda(r)$ ab. In der weiteren Rechnung ist es das Ziel diese beiden Funktionen zu bestimmen.

Ableitungen des metrischen Tensors

Um die Christoffel-Symbole zu berechnen, müssen wir die Ableitungen des metrischen Tensors kennen. Entsprechend der Konvention der Kugelkoordinaten, sind die Koordinaten in der Symmetrie der Aufgabe gegeben als $(x^0, x^1, x^2, x^3) = (ct, r, \Theta, \Phi)$.

Zunächst bemerken wir, dass zwölf Komponenten des metrischen Tensors Null sind, dementsprechend sind auch jegliche Ableitungen dieser Komponenten Null. Diese werden aus Gründen der Übersichtlichkeit ab sofort nicht mehr explizit aufgeführt. Auch ist keine der Komponenten explizit von t oder Φ abhängig. Es gilt also

$$g_{\mu\nu,0} = g_{\mu\nu,3} = 0.$$

Auch ist mit der 33-Komponente nur eine Komponente von Θ abhängig. Hier ergibt die partielle Ableitung:

$$g_{33,2} = -2r^2 \sin\Theta \cos\Theta.$$

Die verbleibenden partiellen Ableitungen nach r ergeben:

$$g_{00,1} = 2\nu'(r)e^{2\nu(r)} \ , \quad g_{11,1} = -2\lambda'(r)e^{2\lambda(r)},$$
$$g_{22,1} = -2r \ , \qquad\qquad g_{33,1} = -2r\sin^2\Theta.$$

Christoffel-Symbole

Aus den Komponenten des metrischen Tensors und deren Ableitungen bestimmen wir die Christoffel-Symbole, die im Ricci-Tensor auftreten. Zur Erinnerung wiederholen wir den Zusammenhang zwischen metrischem Tensor und Christoffel-Symbolen, (5.36):

$$\Gamma^\kappa{}_{\lambda\mu} = \frac{g^{\kappa\nu}}{2}\left(g_{\mu\nu,\lambda} + g_{\lambda\nu,\mu} - g_{\mu\lambda,\nu}\right).$$

Viele der Christoffel-Symbole werden Null sein, da neben den zwölf Einträgen des metrischen Tensors auch einige partielle Ableitungen Null werden. All diese Terme werden in der Rechnung nicht mehr explizit auftauchen. Der Leser kann sich selbst überzeugen, dass die fehlenden Terme verschwinden. Eine Ausnahme bildet das erste Christoffelsymbol $\Gamma^0{}_{00}$, um dem Leser das Prinzip der Berechnung und Richtigkeit der Aussage aufzuzeigen. Der Leser mache sich ebenfalls klar, dass nur die Komponenten auf der Diagonalen des metrischen Tensors in den Summen betrachtet werden müssen. So wird ein $g_{\nu 2,1}$ automatisch zu einem $g_{22,1}$, denn die anderen Ableitungen verschwinden.

Außerdem erleichtert uns die Symmetrieeigenschaft der Christoffel-Symbole den Rechenaufwand. Die Christoffel-Symbole sind, wie in Abschnitt 5.4 gezeigt, symmetrisch unter Vertauschung der unteren beiden Indizes, (5.37).

Nun beginnen wir die nicht verschwindenden Komponenten zu berechnen. Bei den ersten Christoffel-Symbolen verdeutlichen wir alle Rechenschritte. Sobald das Prinzip klar geworden ist, werden wir einige Zwischenschritte nicht mehr aufschreiben:

$$\Gamma^0{}_{00} = \frac{1}{2}g^{0\nu}\left(g_{\nu0,0} + g_{\nu0,0} - g_{00,\nu}\right)$$

$$= \frac{1}{2}g^{00}\left(g_{00,0} + g_{00,0} - g_{00,0}\right)$$

$$= \frac{1}{2}e^{-2\nu(r)}\left(\frac{\partial g_{00}}{\partial t} + \frac{\partial g_{00}}{\partial t} - \frac{\partial g_{00}}{\partial t}\right)$$

$$= \frac{1}{2}e^{-2\nu(r)}(0 + 0 - 0) = 0,$$

$$\Gamma^0{}_{10} = \Gamma^0{}_{01} = \frac{1}{2}g^{0\nu}\left(g_{\nu1,0} + g_{\nu0,1} - g_{01,\nu}\right)$$

$$= \frac{1}{2}g^{00}\left(g_{01,0} + g_{00,1} - g_{01,0}\right)$$

$$= \frac{1}{2}e^{-2\nu(r)}\left(\frac{\partial g_{01}}{\partial t} + \frac{\partial g_{00}}{\partial r} - \frac{\partial g_{01}}{\partial t}\right)$$

$$= \frac{1}{2}e^{-2\nu(r)}(0 + 2\nu'(r)e^{2\nu(r)} - 0)$$

$$= \nu'(r).$$

Das Prinzip, wie wir die Komponenten des metrischen Tensors einsetzen, sollte nun klar geworden sein, sodass wir die Zwischenschritte bei der Berechnung der übrigen Christoffel-Symbole überspringen können.

Wir bestimmen also sukzessive die weiteren Christoffel-Symbole:

$$\Gamma^1{}_{00} = \frac{1}{2}g^{11}\left(g_{01,0} + g_{01,0} - g_{00,1}\right)$$

$$= \frac{1}{2}[-e^{-2\lambda(r)}](-2\nu'(r)e^{2\nu(r)})$$

$$= \nu'(r)e^{2(\nu(r)-\lambda(r))},$$

$$\Gamma^1{}_{11} = \frac{1}{2}g^{11}\left(g_{11,1} + g_{11,1} - g_{11,1}\right)$$

$$= \frac{1}{2}[-e^{-2\lambda(r)}](-2\lambda'(r)e^{2\lambda(r)}) = \lambda'(r),$$

$$\Gamma^1{}_{22} = \frac{1}{2}g^{11}\left(g_{21,2} + g_{21,2} - g_{22,1}\right)$$

$$= \frac{1}{2}[-e^{-2\lambda(r)}](-2r) = -re^{-2\lambda(r)},$$

$$\Gamma^1{}_{33} = \frac{1}{2}g^{11}\left(g_{31,1} + g_{31,1} - g_{33,1}\right)$$

$$= \frac{1}{2}[-e^{-2\lambda(r)}](2r^2\sin^2\Theta)$$

$$= -r^2\sin^2\Theta e^{-2\lambda(r)},$$

$$\Gamma^2{}_{12} = \Gamma^2{}_{21} = \frac{1}{2}g^{22}\left(g_{12,2} + g_{22,1} - g_{12,2}\right)$$

$$= \frac{1}{2}[-r^{-2}](-2r) = r^{-1},$$

$$\Gamma^2{}_{33} = \frac{1}{2}g^{22}\left(g_{23,3} + g_{23,3} - g_{33,2}\right)$$

$$= \frac{1}{2}[-r^{-2}](2r^2\cos\Theta\sin\Theta)$$

$$= -\cos\Theta\sin\Theta,$$

$$\Gamma^3{}_{13} = \Gamma^3{}_{31} = \frac{1}{2}g^{33}\left(g_{13,3} + g_{33,1} - g_{13,3}\right)$$

$$= \frac{1}{2}[-r^{-2}\sin^{-2}\Theta](-2r^2\sin^2\Theta) = r^{-1},$$

$$\Gamma^3{}_{23} = \Gamma^3{}_{32} = \frac{1}{2}g^{33}\left(g_{23,3} + g_{33,2} - g_{23,3}\right)$$

$$= \frac{1}{2}[-r^{-2}\sin^{-2}\Theta](-2r^2\sin\Theta\cos\Theta)$$

$$= \frac{\cos\Theta}{\sin\Theta}.$$

Ableitungen der Christoffel-Symbole

Bei der Berechnung des Ricci-Tensors werden auch die partiellen Ableitungen der Christoffel-Symbole benötigt. Wieder schreiben wir nur die von Null verschiedenen Ableitungen auf:

$$\Gamma^0{}_{10,1} = \nu''(r), \qquad\qquad \Gamma^1{}_{33,2} = -r^2\cos\Theta e^{-2\lambda(r)},$$

$$\Gamma^1{}_{11,1} = \lambda''(r), \qquad\qquad \Gamma^1{}_{22,1} = -e^{-2\lambda(r)} + 2r\lambda'(r)e^{-2\lambda(r)},$$

$$\Gamma^2{}_{12,1} = -r^2, \qquad\qquad \Gamma^2{}_{33,2} = -\sin^2\Theta + \cos^2\Theta,$$

$$\Gamma^3{}_{13,1} = -r^2, \qquad\qquad \Gamma^3{}_{23,2} = 2(\cos^2\Theta - 1)^{-1},$$

$$\Gamma^1{}_{00,1} = \nu''(r)e^{2(\nu(r)-\lambda(t))} \;+2[\nu'(r) - \lambda'(r)]\nu'(r)e^{2(\nu(r)-\lambda(r))},$$

$$\Gamma^1{}_{33,1} = -2r\sin\Theta e^{-2\lambda(r)} +2r^2\lambda'(r)\sin\Theta e^{-2\lambda(r)}.$$

Ricci-Tensor

Nun haben wir alle Terme bestimmt, um mit Gleichung (5.58) den Ricci-Tensor zu berechnen. Auch für diesen Tensor schreiben wir nur die Rechnungen, in denen nicht alle Terme verschwinden, auf. In der Rechnung ist zu beachten, dass für die stummen Indizes σ und ρ alle

Werte (0,1,2,3) angenommen und addiert werden müssen:

$$R_{00} = \Gamma^\sigma{}_{0\sigma,0} - [\Gamma^\sigma{}_{00,\sigma}] + \{\Gamma^\rho{}_{0\sigma}\Gamma^\sigma{}_{\rho 0}\} - \Gamma^\rho{}_{00}\Gamma^\sigma{}_{\rho\sigma}$$

$$= 0 - \nu''(r)e^{2(\nu(r)-\lambda(r))} - [2[\nu'(r) - \lambda'(r)]\nu'(r)e^{2(\nu(r)-\lambda(r))}]$$

$$+ \{2\nu'(r)\nu'(r)e^{2(\nu(r)-\lambda(r))}\}$$

$$- \nu'(r)e^{2(\nu(r)-\lambda(r))}(\nu'(r) + \lambda'(r) + r^{-1} + r^{-1})$$

$$= \left(-\nu''(r) - \nu'(r)^2 + \lambda'(r)\nu'(r) - 2\nu'(r)r^{-1}\right)e^{2(\nu(r)-\lambda(r))},$$

$$R_{01} = \Gamma^\sigma{}_{1\sigma,0} - \Gamma^\sigma{}_{01,\sigma} + \Gamma^\rho{}_{0\sigma}\Gamma^\sigma{}_{\rho 1} - \Gamma^\rho{}_{10}\Gamma^\sigma{}_{\rho\sigma}$$

$$= 0 - 0 + \nu'^2(r)e^{2(\nu(r)-\lambda(r))} - \nu'^2(r)e^{2(\nu(r)-\lambda(r))} = 0,$$

$$R_{11} = \Gamma^\sigma{}_{1\sigma,1} - \Gamma^\sigma{}_{11,\sigma} + \Gamma^\rho{}_{1\sigma}\Gamma^\sigma{}_{\rho 1} - \Gamma^\rho{}_{11}\Gamma^\sigma{}_{\rho\sigma}$$

$$= \nu''(r) + \lambda''(r) - \lambda''(r) + \nu'^2(r) + \lambda'^2(r) + r^{-2} + r^{-2}$$

$$- \lambda'^2(r) - \lambda'(r)r^{-1} - \lambda'(r)r^{-1} - \nu'(r)\lambda'(r) - r^{-2}$$

$$= \nu''(r) + \nu'^2(r) - \nu'(r)\lambda'(r) - 2\lambda'(r)r^{-1},$$

$$R_{12} = \Gamma^\sigma{}_{2\sigma,1} - \Gamma^\sigma{}_{12,\sigma} + \Gamma^\rho{}_{1\sigma}\Gamma^\sigma{}_{\rho 2} - \Gamma^\rho{}_{12}\Gamma^\sigma{}_{\rho\sigma}$$

$$= 0 - 0 + r^{-1}\frac{\cos\Theta}{\sin\Theta} - r^{-1}\frac{\cos\Theta}{\sin\Theta} = 0,$$

$$R_{22} = \Gamma^\sigma{}_{2\sigma,2} - \Gamma^\sigma{}_{22,\sigma} + \Gamma^\rho{}_{2\sigma}\Gamma^\sigma{}_{\rho 2} - \Gamma^\rho{}_{22}\Gamma^\sigma{}_{\rho\sigma}$$

$$= 2(\cos^2\Theta - 1)^{-1} - [-e^{-2\lambda(r)} + 2r\lambda'(r)e^{-2\lambda(r)}] + 2r^{-1}e^{-2\lambda(r)}$$

$$+ \left(\frac{\cos\Theta}{\sin\Theta}\right)^2 - [-re^{-2\lambda(t)}](\nu'(r) + \lambda'(r) + r^{-1} + r^{-1}]$$

$$= e^{-2\lambda(r)} + r\nu'(r)e^{-2\lambda(r)} - \lambda'(r)re^{-2\lambda(r)} - 1,$$

$$R_{33} = \Gamma^\sigma{}_{3\sigma,3} - \Gamma^\sigma{}_{33,\sigma} + \Gamma^\rho{}_{3\sigma}\Gamma^\sigma{}_{\rho 3} - \Gamma^\rho{}_{33}\Gamma^\sigma{}_{\rho\sigma}$$

$$= 0 - (-\cos^2\Theta + \sin^2\Theta) -$$

$$(-2r\sin^2\Theta e^{-2\lambda(r)} + r^2\sin\Theta\, 2\lambda'(r)e^{-2\lambda(r)})$$

$$+ (-\cos\Theta + \sin\Theta)\frac{\cos\Theta}{\sin\Theta} + 2(-r^2\sin\Theta e^{-2\lambda(r)}r^{-1})$$

$$- (-r^2\sin^2\Theta e^{-2\lambda(r)})(\nu'(r) + \lambda'(r) + r^{-1} + r^{-1})$$

$$- (-\cos\Theta + \sin\Theta)\frac{\cos\Theta}{\sin\Theta}$$

$$= \sin^2\Theta[(1 + r\nu'(r) - r\lambda'(r))e^{-2\lambda(r)} - 1].$$

Lösung der Vakuumfeldgleichungen

Die Vakuumfeldgleichungen geben uns nun die entscheidende Bedingung. Aus den Komponenten des Ricci-Tensor können wir die benötigten Funktionen $\nu(r)$ und $\lambda(r)$ bestimmen. Damit haben wir dann eine exakte Lösung der Feldgleichungen in dieser Symmetrie gefunden. Die Feldgleichungen im Vakuum lauten $R_{\mu\nu} = 0$. Mit den vier nicht verschwindenden Komponenten des Ricci-Tensors folgt:

$$-\nu''(r) - \nu'^2(r) + \lambda'(r)\nu'(r) - 2\nu'(r)r^{-1} = 0, \qquad (8.6)$$

$$\nu''(r) + \nu'^2(r) - \nu'(r)\lambda'(r) - 2\lambda'(r)r^{-1} = 0, \qquad (8.7)$$

$$e^{-2\lambda(r)} + r\nu'(r)e^{-2\lambda(r)} - \lambda'(r)re^{-2\lambda(r)} - 1 = 0, \qquad (8.8)$$

$$\sin^2\Theta[(1 + r\nu'(r) - r\lambda'(r))\,e^{-2\lambda(r)} - 1] = 0.$$

Die letzten beiden Gleichungen sind nach Division der unteren durch $\sin^2\Theta$ äquivalent.

Wir finden die gesuchten Lösungen für $\nu(r)$ und $\lambda(r)$, indem wir das verbleibende Gleichungssystem lösen.

Zunächst addieren wir (8.6) und (8.7) zu:

$$-\frac{2}{r}[\nu'(r) + \lambda'(r)] = 0.$$

Daraus können wir schlussfolgern, dass $\nu(t) + \lambda(t)$ konstant ist, denn aus der vorherigen Gleichung folgt:

$$\frac{d}{dr}[\nu(r) + \lambda(r)] = 0$$

$$\Rightarrow \nu(r) + \lambda(r) = const.$$

Für $r \to \infty$ soll der metrische Tensor $g_{\mu\nu}$ in den Minkowski-Tensor $\eta_{\mu\nu}$ übergehen. In diesem Fall gehen folglich die Funktionen $\lambda(r)$ und $\nu(r)$ gegen Null. Die obige Konstante muss also Null sein und wir können

$$\lambda(r) = -\nu(r)$$

folgern. Diesen Zusammenhang setzen wir nun in (8.8) ein. Wir bringen die Eins auf die andere Seite der Gleichung. Dann fassen wir, analog zum Vorgehen in der letzten Rechnung, das Ergebnis als eine Ableitung auf:

$$e^{2\nu(r)}(1 + 2r\nu'(r)) = \frac{d}{dr}\left(re^{2\nu(r)}\right) = 1.$$

Wir integrieren die Gleichung nach r und lösen nach $e^{2\nu(r)}$ auf:

$$\int dr' \frac{d}{dr'}\left(r'e^{2\nu(r')}\right) = \int dr' 1$$

$$\Leftrightarrow re^{2\nu(r)} = r - r_S.$$

Die Integrationskonstante wurde mit r_S bezeichnet. So lassen sich $e^{2\lambda(r)}$ und $e^{-2\nu(r)}$ bestimmen:

$$\Rightarrow g_{00} = e^{2\nu(r)} = \left(1 - \frac{r_S}{r}\right) \Rightarrow g_{11} = e^{-2\nu(r)} = \left(1 - \frac{r_S}{r}\right)^{-1}. \quad (8.9)$$

Damit haben wir den metrischen Tensor der Schwarzschild-Metrik durch Lösen der Vakuumfeldgleichungen berechnet. Der Tensor (8.4) ist nun zu

$$g_{\mu\nu} = \begin{pmatrix} \left(1 - \frac{r_S}{r}\right) & 0 & 0 & 0 \\ 0 & -\left(1 - \frac{r_S}{r}\right)^{-1} & 0 & 0 \\ 0 & 0 & -r^2 & 0 \\ 0 & 0 & 0 & -r^2 \sin^2\Theta \end{pmatrix} \quad (8.10)$$

umgeformt worden. Es bleibt noch zu klären, wie die Konstante r_S zu interpretieren ist. Der Index S steht für Schwarzschild, sodass wir r_S den Schwarzschild-Radius nennen. Bevor wir einige Eigenschaften wie den Ereignishorizont diskutieren, geben wir seine Größe an.

Dazu betrachten wir den Newton'schen Grenzfall und erinnern uns an (6.20): $g_{00} = 1 + \frac{2\Phi}{c^2}$. Vergleichen wir dies mit dem Ergebnis von g_{00} in der Schwarzschild-Metrik, erhalten wir:

$$g_{00} = 1 + \frac{2\Phi}{c^2} = 1 - \frac{2GM}{c^2 r} \stackrel{!}{=} \left(1 - \frac{r_S}{r}\right) \Rightarrow r_S = \frac{2GM}{c^2}. \quad (8.11)$$

Das Birkhoff-Theorem

Wir haben gefordert, dass die Metrik zeitunabhängig sein soll. Lassen wir eine Zeitabhängigkeit zu und fordern lediglich, dass der Raum isotrop ist, wären die Funktionen $A(r,t)$ und $B(r,t)$ im Wegelement zeitabhängig. Die obige Berechnung lässt sich analog durchführen.[1] Das Ergebnis ist verblüffenderweise auch die Schwarzschild-Metrik. Nach der Newton'schen Theorie erwarten wir ein anderes Ergebnis. Aber eine kugelsymmetrische statische Anordnung unterscheidet sich nicht von einer zeitabhängigen Anordnung [HEL 06, Kap. 9.3]. Anders formuliert lautet dieses sogenannte Birkhoff-Theorem:[2]

Jede kugelsymmetrische Lösung der Feldgleichungen im Vakuum ist statisch.

Es ergeben sich weitreichende Folgerungen. So strahlt ein radial pulsierender Stern keine Gravitationswelle ab, da dieses radiale Pulsieren einer statischen Lösung genügt. Im Kapitel 10 betrachten wir die Ausbreitung von Gravitationswellen. Das Birkhoff-Theorem ist der Grund, warum ein Monopol keine Gravitationswelle abstrahlt.

8.2 Der Ereignishorizont und Schwarze Löcher

In der Schwarzschild-Metrik (8.10) tritt eine Singularität auf. Setzen wir $r = r_S$, entsteht eine Singularität, denn g_{11} ist dann unendlich groß. Was bedeutet diese Singularität nun im physikalischen Kontext?

Die physikalische Interpretation wird durch die Berechnung der Geodäte eines massiven, radial aus großer Entfernung auf den Ursprung fallenden Teilchens ermöglicht. So wird im Lehrbuch [SCH 13b, Kap. 6.6.3][3] die Geodätengleichung hergeleitet und aus zwei Perspektiven betrachtet: Aus der Sicht eines mitbewegten und

---

[1] Diese Rechnung wird beispielsweise in [RYD 09, Kap. 5.4] ausgeführt.

[2] Nach dem Mathematiker George David Birkhoff, der das Theorem 1923 in seiner Veröffentlichung [BIR 23] thematisiert.

[3] Dieselbe Betrachtung findet sich ebenfalls in [MTW 73, Kap. 31].

der Sicht eines relativ zum Ursprung ruhenden Beobachters. Uns interessiert an dieser Stelle die Interpretation. Die Rechnung kann in der angegebenen Quelle nachvollzogen werden. Für den mitbewegten Beobachter ergibt sich, dass er den Schwarzschild-Radius r_S nach einer endlichen Eigenzeit erreicht. In seinem System existiert keine Singularität.

Der ruhende Betrachter nimmt die Situation hingegen komplementär wahr. Aus seiner Sicht erreichen die frei fallenden Teilchen den Schwarzschild-Radius erst nach unendlich langer Zeit. Dies gilt übrigens auch für masselose Teilchen, sodass der ruhende Beobachter letztendlich keine Signale mehr vom freifallenden System erhalten kann. Dieses Phänomen rechtfertigt die Bezeichnung Ereignishorizont.

Im Lehrbuch [MTW 73, Kap 31.3] schließt sich eine interessante weiterführende Diskussion an. Wir betrachten einen Astronauten, der den Schwarzschild-Radius passiert. In dem Moment des Vorbeifliegens drehen sich die Vorzeichen der Komponenten g_{00} und g_{11} um. Aus zeitartig wird raumartig und umgekehrt. Dies führt zu interessanten Gegebenheiten: Bevor der Astronaut den Radius passiert, hat er die Möglichkeit sich vor und zurück zu bewegen (in radialer Richtung). Ist er allerdings über den Schwarzschild-Radius hinaus, so bedeutet eine Bewegung zurück in Richtung des Schwarzschild-Radius ein Zurückgehen in der Zeit. Dies ist nicht möglich, sodass der Astronaut in den Ursprung stürzen wird. Auch dieses Phänomen ist auf Licht übertragbar. Deshalb sprechen wir bei einem Objekt, dessen Radius kleiner als der Schwarzschild-Radius ist, von einem Schwarzen Loch.

9 Tests der Allgemeinen Relativitätstheorie im Sonnensystem

In der Wissenschaft und auch in der Öffentlichkeit wurde Einsteins Gravitationstheorie schnell berühmt, denn relativ bald nach der Veröffentlichung 1915 wurden einige der Vorhersagen experimentell bestätigt. Als entscheidendes Datum ist die Beobachtung der Ablenkung von Licht durch die Sonne im Jahr 1919 anzusehen. Während einer Sonnenfinsternis wurden in Sobral und auf der Insel Principe Fixsterne beobachtet. Aus dem Vergleich mit dem Nachtsternhimmel, ist die Ablenkung von Licht durch die Sonne in der von der ART vorhergesagten Größenordnung beobachtet worden [DDE 20, S. 332].

Mittlerweile sind diese und weitere Vorhersagen durch zahlreiche genauere Experimente untersucht worden. Wir wollen nun die drei klassischen relativistischen Effekte, die über den Rahmen der Newton'schen Theorie hinausgehen, diskutieren [SCHR 11, Kap. 2]:[1]

---

[1] Einstein selbst schlägt diese drei Tests zur experimentellen Überprüfung seiner Theorie vor [WEI 72, S. 175].

1. Die Rotverschiebung von Spektrallinien im Gravitationsfeld

2. Die Verschiebung des Perihels der Planetenbahn des Merkurs

3. Die Lichtablenkung am Rand der Sonne

Dieses Kapitel umfasst somit Vorhersagen der ART für Effekte in unserem Sonnensystem, welche bereits experimentell im 20. Jahrhundert überprüft worden sind. Als Lösung der Feldgleichungen verwenden wir demnach die Lösung von Schwarzschild aus Kapitel 8. Das Sonnensystem wird durch ein statisches kugelsymmetrisches Gravitationsfeld beschrieben. Weitere Effekte durch andere Himmelskörper als die Sonne werden vernachlässigt.

9.1 Die Gravitationsrotverschiebung

Als ersten Effekt diskutieren wir die Rotverschiebung im Gravitationsfeld. In der Literatur wird manchmal auch von Frequenzänderung gesprochen.[2] Diese Formulierung umfasst auch die andere Richtung der Frequenzverschiebung von elektromagnetischen Wellen, eine Blauverschiebung. Unsere Argumentation orientiert sich an [SCHR 11, Kap. 9.4].[3]

Wir untersuchen die Frequenzänderung von elektromagnetischen Wellen im Gravitationsfeld der Sonne. Ein Sender befinde sich im Raumpunkt A (r_a, Θ_a, Φ_a). Er sendet nacheinander zwei Signale in Form von elektromagnetischen Wellen aus, die von einem

---

[2] Siehe z.B. [SCHR 11, Kap 9.4].
[3] Als weiterführende Literatur sei dem Leser die Darstellung in [MTW 73, Kap 38.5] empfohlen.

Empfänger im Raumpunkt B (r_b, Θ_b, Φ_b) registriert werden. Sender und Empfänder bewegen sich nicht.

In der Koordinatenzeit vergeht zwischen dem Senden und Empfangen des ersten Signals dieselbe Zeit $t_b - t_a$, wie zwischen dem Senden und Empfangen des zweiten Signals, $t'_b - t'_a$:

$$t_b - t_a = t'_b - t'_a.$$

Hieraus folgt, dass das Koordinatenzeitintervall in beiden Punkten gleich ist:

$$\Delta t_a = t'_a - t_a = t'_b - t_b = \Delta t_b. \tag{9.1}$$

Auch die Zahl der Schwingungen in den Raumpunkten A und B ist gleich:

$$\frac{n}{\Delta t_a} = \frac{n}{\Delta t_b}.$$

Nun messen in den Raumpunkten A und B ruhende Beobachter allerdings nicht die Koordinatenzeit, sondern die jeweilige Eigenzeit. Im Abschnitt 6.2 haben wir die Eigenzeit im Gravitationsfeld angegeben. Aufgrund der Krümmung der Raum-Zeit hängt die Eigenzeit in jedem Punkt auf unterschiedliche Weise mit der Koordinatenzeit zusammen, da die Metrik koordinatenabhängig ist.

Im Raumpunkt A des Senders gilt nach (6.21) für die Eigenzeit zwischen den beiden Signalen:

$$\Delta\tau_a = \sqrt{g_{00}(A)}\Delta t_a \Leftrightarrow \frac{\Delta\tau_a}{\sqrt{g_{00}(A)}} = \Delta t_a. \tag{9.2}$$

Für den Ort des Empfängers ersetzen wir in der Gleichung einfach den Index. In der Koordinatenzeit sind die Zeitintervalle gleich (9.1).

Wir können also die Intervalle Δt_a und Δt_b aus (9.2) gleichsetzen:

$$\Delta t_a = \Delta t_b$$

$$\Leftrightarrow \frac{\Delta \tau_a}{\sqrt{g_{00}(A)}} = \frac{\Delta \tau_b}{\sqrt{g_{00}(B)}}.$$

Jetzt können wir die Gleichung umstellen und ein Verhältnis der Eigenzeiten in den verschiedenen Punkten angeben:

$$\frac{\Delta \tau_a}{\Delta \tau_b} = \sqrt{\frac{g_{00}(B)}{g_{00}(A)}}. \tag{9.3}$$

Um die Frequenzen der elektromagnetischen Welle an den Orten A und B zu untersuchen, setzen wir in das Verhältnis $\nu_i = \frac{n}{\Delta \tau_i}$ ein:

$$\frac{\nu_b}{\nu_a} = \sqrt{\frac{g_{00}(A)}{g_{00}(B)}}. \tag{9.4}$$

Nun verwenden wir unser Ergebnis (8.10) aus Kapitel 8 für g_{00}. Im Gravitationsfeld der Sonne ist das Verhältnis der Frequenzen mit

$$\frac{\nu_b}{\nu_a} = \sqrt{\frac{1 - \frac{r_S}{r_a}}{1 - \frac{r_S}{r_b}}} \tag{9.5}$$

anzugeben. In dem von uns betrachteten Ereignis im Sonnensystem dürfen wir eine Taylor-Reihennäherung in erster Ordnung durchführen, da der Radius der Sonne viel größer ist als der Schwarzschild-Radius der Sonne ($\frac{r_s}{r} \ll 1$) ist. Wir nähern das Verhältnis zu:

$$\frac{\nu_b}{\nu_a} \approx 1 + \frac{1}{2} r_S \left(\frac{1}{r_b} - \frac{1}{r_a} \right). \tag{9.6}$$

Wir formen weiter um, sodass wir eine Formel für die relative Frequenzverschiebung erhalten

$$\frac{\nu_b}{\nu_a} - 1 \approx \frac{1}{2} r_S \left(\frac{1}{r_b} - \frac{1}{r_a} \right)$$

$$\Leftrightarrow \frac{\nu_b}{\nu_a} - \frac{\nu_a}{\nu_a} \approx \frac{1}{2} r_S \left(\frac{1}{r_b} - \frac{1}{r_a} \right)$$

$$\Leftrightarrow \frac{\nu_b - \nu_a}{\nu_a} \approx \frac{1}{2} r_S \left(\frac{1}{r_b} - \frac{1}{r_a} \right). \tag{9.7}$$

Licht, welches von der Oberfläche der Sonne ausgesendet wird, sollte auf der Erde also mit einer Frequenzverschiebung von

$$\frac{\nu_b - \nu_a}{\nu_a} \approx \frac{1}{2} \cdot 2.96 \times 10^3 \text{m} \left(\frac{1}{1.5 \times 10^{11} \text{m}} - \frac{1}{6.96 \times 10^8 \text{m}} \right)$$

$$= -2.12 \times 10^{-6} \tag{9.8}$$

erreichen.[4] Der Effekt ist sehr gering und schwierig nachzuweisen.[5]

Experimentelle Ergebnisse

Brault [BRA 63] hat 1963 die Frequenzverschiebung von Sonnenlicht mit einem Verhältnis von 1.05 ± 0.05 zum theoretischen Wert gemessen. Messungen im Jahr 1972 bestätigen die Vorhersage mit einer Genauigkeit von 6% [SNI 72].

Um einen präziseren Nachweis der Theorie zu erhalten, beobachtet

---

[4] Ein Überblick der verwendeten Daten, die aus [WIL 16] entnommen sind, befindet sich im Anhang.

[5] Die Bewegung der Gase in der Sonne durch Konvektionsströme haben einen größeren Effekt und überdecken somit die Rotverschiebung durch das Gravitationsfeld [SCHR 11, Kap 9.4].

Popper schon 1954 die Rotverschiebung von weißen Zwergen.[6] Für den Stern 40 Eridani B ergibt sich eine theoretische Rotverschiebung von $\frac{\Delta\nu}{\nu} = -5.7 \times 10^{-5}$. Die beobachtete Rotverschiebung betrug $\frac{\Delta\nu}{\nu} = -(7 \pm 1) \times 10^{-5}$ [POP 54]. Das negative Vorzeichen gibt dabei die Verschiebung in Richtung geringerer Frequenzen an.

Die Frequenzänderung in einem Gravitationsfeld wurde auch im berühmten Experiment von Pound und Rebka untersucht. Sie haben unter Ausnutzen des Mößbauer-Effektes die Frequenzverschiebung im Gravitationsfeld der Erde untersucht.[7] Durch den Mößbauer-Effekt ließ sich für zur Erdoberfläche fallendes Licht in einem Turm von $h = 22.6$ m Höhe eine Blauverschiebung von $\frac{\Delta\nu}{\nu} = (2.57 \pm 0.26) \times 10^{-15}$ messen [PR 60]. Berechnen wir mit Gleichung (9.7) die theoretische Erwartung, um den Wert zu vergleichen, so erhalten wir:

$$\frac{\nu_b - \nu_a}{\nu_a} \approx \frac{1}{2} \cdot 9 \times 10^{-3} \text{m} \left(\frac{1}{r_E} - \frac{1}{r_E + h} \right) = 2.46 \times 10^{-15} \text{m}. \quad (9.9)$$

Die erste von uns betrachtete Vorhersage der ART wurde also mit einer verblüffenden Genauigkeit im Experiment bestätigt. Die Gravitationsrotverschiebung beruht auf dem Äquivalenzprinzip. Die Bestätigung im Experiment ist also kein Nachweis für die Einstein'schen Feldgleichungen. Dazu sind die anderen beiden theoretischen Vorhersagen im Sonnensystem qualifiziert. Sie basieren auf den Aussagen der Feldgleichungen.

---

[6] "Weiße Zwerge sind auskühlende tote Sterne im letzten Stadium ihres Lebens und besitzen typischerweise rund 60 % der Sonnenmasse bei einem Volumen, das dem der Erde entspricht." [CAM 16, S. 55].

[7] Eine ausführliche Beschreibung des Aufbaus findet sich in [MTW 73, Kap. 38.5].

9.2 Die Bewegung im Gravitationsfeld der Sonne

In Abschnitt 6.1 wurde dargestellt, wie sich Körper im Gravitations-feld entlang von Geodäten bewegen. Für masselose Teilchen werden die Bahnen mit Nullgeodäten beschrieben. Wir verwenden in diesem Fall also wieder den Parameter λ, anstatt τ. Nun konkretisieren wir diese Beschreibung an der Schwarzschild-Metrik, um Bewegungen im Sonnensystem relativistisch zu beschreiben. Die folgende Diskussion ist an [SCHR 11, Kap. 9.1] orientiert.

Aufgrund der Kugelsymmetrie ist, wie beim klassischen Kepler-Problem,[8] der Drehimpuls eine Erhaltungsgröße. Dies hat zur Folge, dass die Bewegung in einer zum konstanten Drehimpuls senkrech-ten Ebene stattfindet. Ohne Einschränkungen können wir $\Theta := \frac{\pi}{2}$ festlegen. Wir werden diese Hilfestellung gleich benötigen.

Beginnen wir jedoch mit der Lagrange-Funktion. Die Lagrange-Funktion haben wir im Abschnitt 6.1 durch (6.14) beschrieben. Setzen wir also nun die Schwarzschild-Metrik (8.10) ein:

$$
L = \frac{1}{2} g_{\mu\nu} \dot{x}^\mu \dot{x}^\nu
$$
$$
= \frac{1}{2} \left[\left(1 - \frac{r_S}{r}\right) c^2 \dot{t}^2 - \left(1 - \frac{r_S}{r}\right)^{-1} \dot{r}^2 - r^2 (\dot{\Theta}^2 + \sin^2 \Theta\ \dot{\Phi}^2) \right].
$$
$$
\tag{9.10}
$$

---

[8] Die klassische Diskussion der Planetenbahnen kann in [NOL 13a, Kap. 2.5 und 3.2.5] wiederholt werden.

Aus der Lagrange-Funktion bestimmen wir, analog zur klassischen Mechanik, für jede Koordinate die Euler-Lagrange Gleichung mit

$$\frac{d}{d\lambda}\left(\frac{\partial L}{\partial \dot{x}^\mu}\right) - \frac{\partial L}{\partial x^\mu} = 0. \tag{9.11}$$

Beginnen wir mit der Bewegungsgleichung für $x^2 = \Theta$:

$$\frac{d}{d\lambda}\left(\frac{\partial L}{\partial \dot{\Theta}}\right) - \frac{\partial L}{\partial \Theta} = \frac{d}{d\lambda}\left(-r^2\dot{\Theta}\right) + r^2\dot{\Phi}^2 \sin\Theta\cos\Theta$$

$$= -r^2\ddot{\Theta} - 2r\dot{r}\dot{\Theta} + r^2\dot{\Phi}^2 \sin\Theta\cos\Theta \overset{!}{=} 0.$$

Wir teilen durch r^2, damit $\ddot{\Theta}$ frei steht und drehen das Vorzeichen um:

$$0 \overset{!}{=} \ddot{\Theta} + \frac{2}{r}\dot{r}\dot{\Theta} - \dot{\Phi}^2 \sin\Theta\cos\Theta. \tag{9.12}$$

Nun verwenden wir die Folgerung aus der Drehimpulserhaltung ($\Theta = \frac{\pi}{2}$) und bemerken, dass somit die beiden Ableitungen $\dot{\Theta}$ und $\ddot{\Theta}$ verschwinden. Die Lagrange-Funktion (9.10) vereinfacht sich somit zu

$$L = \frac{1}{2}\left[\left(1 - \frac{r_S}{r}\right)c^2\dot{t}^2 - \left(1 - \frac{r_S}{r}\right)^{-1}\dot{r}^2 - r^2\dot{\Phi}^2\right]. \tag{9.13}$$

Jetzt bestimmen wir die Euler-Lagrange-Gleichungen für die anderen Koordinaten. Wir stellen fest, dass x^0 und x^3 zyklische Koordinaten sind.[9] Die Bewegungsgleichungen ergeben sich also zu:

$$\frac{\partial L}{\partial \dot{x}^0} = \left(1 - \frac{r_S}{r}\right)c\dot{t} =: k, \qquad \frac{\partial L}{\partial \dot{x}^3} = -r^2\dot{\Phi} =: h. \tag{9.14}$$

Es fehlt noch die Bewegungsgleichung für $x^1 = r$. Die Euler-Lagrange-

---

[9] Denn die Lagrange-Funktion ist nicht explizit von ct bzw. Φ abhängig. Nach [SCHE 10, Kap. 2.5.2] folgt, dass es sich um zyklische Koordinaten handelt.

Gleichung ist hierfür:

$$\frac{d}{d\lambda}\left(\frac{\partial L}{\partial \dot{r}}\right) - \frac{\partial L}{\partial r} = \frac{d}{d\lambda}\left[-\left(1-\frac{r_S}{r}\right)^{-1}\dot{r}\right]$$

$$-\frac{1}{2}\frac{r_S}{r^2}c^2\dot{t}^2 + \frac{1}{2}\left(1-\frac{r_S}{r}\right)^{-2}\frac{r_S}{r^2}\dot{r}^2 + r\dot{\Phi}^2$$

$$= -\left(1-\frac{r_S}{r}\right)^{-1}\ddot{r} - \frac{1}{2}\frac{r_S}{r^2}c^2\dot{t}^2$$

$$+ \frac{1}{2}\left(1-\frac{r_S}{r}\right)^{-2}\frac{r_S}{r^2}\dot{r}^2 + r\dot{\Phi}^2 \overset{!}{=} 0. \tag{9.15}$$

Diese komplizierte Bewegungsgleichung lässt sich nicht wie die vorherige Gleichung einfach lösen. Wir umgehen diese Schwierigkeit, indem wir stattdessen das Wegelement betrachten:

$$ds^2 = \left(1-\frac{r_S}{r}\right)c^2dt^2 - \left(1-\frac{r_S}{r}\right)^{-1}dr^2 - r^2(d\Theta^2 + \sin^2\Theta d\Phi^2). \tag{9.16}$$

Als nächsten Schritt verwenden wir wieder $\Theta = \frac{\pi}{2}$:

$$ds^2 = \left(1-\frac{r_S}{r}\right)c^2dt^2 - \left(1-\frac{r_S}{r}\right)^{-1}dr^2 - r^2d\Phi^2.$$

Wir dividieren anschließend durch $ds^2 = c^2d\tau^2$. Nun identifizieren wir den Parameter λ für Teilchen mit Masse, wieder mit der Eigenzeit τ:[10]

$$1 = \left(1-\frac{r_S}{r}\right)\dot{t}^2 - \left(1-\frac{r_S}{r}\right)^{-1}\frac{\dot{r}^2}{c^2} - \frac{r^2}{c^2}\dot{\Phi}^2. \tag{9.17}$$

Aus der Bewegungsgleichung für Φ, (9.14), können wir die folgende

---

[10] Für masselose Teilchen wird $ds^2 = 0$ sein (siehe Abschnitt 6.1). Die Eins auf der linken Seite der Gleichung (9.17) muss dann durch eine Null ersetzt werden.

Identität aufstellen:

$$\dot{r} = \frac{dr}{d\Phi}\dot{\Phi} \stackrel{(9.14)}{=} -\frac{dr}{d\Phi}\frac{h}{r^2}. \tag{9.18}$$

Dies setzen wir zusammen mit der Bewegungsgleichung für t, (9.14), in die Gleichung (9.17) ein:

$$1 = \left(1 - \frac{r_S}{r}\right)\dot{t}^2 - \left(1 - \frac{r_S}{r}\right)^{-1}\frac{\dot{r}^2}{c^2} - \frac{r^2}{c^2}\dot{\Phi}^2$$

$$= \left(1 - \frac{r_S}{r}\right)^{-1}k^2 - \frac{1}{c^2}\left(1 - \frac{r_S}{r}\right)^{-1}h^2\frac{1}{r^4}\left(\frac{dr}{d\Phi}\right)^2 - \frac{h^2}{c^2r^2}. \tag{9.19}$$

Jetzt fassen wir den Term $\frac{1}{r^4}\left(\frac{d\Phi}{dr}\right)^2$ alternativ als eine Ableitung auf. Es ist:

$$\left[\frac{d}{d\Phi}\left(\frac{1}{r(\Phi)}\right)\right]^2 = \left[-\frac{1}{r^2}\frac{dr}{d\Phi}\right]^2 = \frac{1}{r^4}\left(\frac{d\Phi}{dr}\right)^2. \tag{9.20}$$

Durch Einsetzen ist (9.17) nun:

$$1 = \left(1 - \frac{r_S}{r}\right)^{-1}k^2 - \frac{1}{c^2}\left(1 - \frac{r_S}{r}\right)^{-1}h^2\left[\frac{d}{d\Phi}\left(\frac{1}{r(\Phi)}\right)\right]^2 - \frac{h^2}{c^2r^2}. \tag{9.21}$$

Um die Gleichung nach Φ ableiten zu können, multiplizieren wir beide Seiten mit $\frac{(1-\frac{r_S}{r})}{h^2}$ und kürzen anschließend:

$$\frac{(1-\frac{r_S}{r})}{h^2} = \left(1-\frac{r_S}{r}\right)^{-1} k^2 \frac{(1-\frac{r_S}{r})}{h^2}$$
$$-\frac{1}{c^2}\left(1-\frac{r_S}{r}\right)^{-1} \frac{(1-\frac{r_S}{r})}{h^2} h^2 \left[\frac{d}{d\Phi}\left(\frac{1}{r(\Phi)}\right)\right]^2$$
$$-\frac{h^2}{c^2 r^2}\frac{(1-\frac{r_S}{r})}{h^2}$$
$$=\frac{k^2}{h^2} - \frac{1}{c^2}\left[\frac{d}{d\Phi}\left(\frac{1}{r(\Phi)}\right)\right]^2 - \frac{(1-\frac{r_S}{r})}{c^2 r^2}.$$

Wir wollen die Ableitung ausführen.
Deshalb lösen wir nach $\left[\frac{d}{d\Phi}\left(\frac{1}{r(\Phi)}\right)\right]^2$ auf:

$$\Leftrightarrow \quad \frac{(1-\frac{r_S}{r})}{h^2} + \frac{1}{c^2}\left[\frac{d}{d\Phi}\left(\frac{1}{r(\Phi)}\right)\right]^2 = \frac{k^2}{h^2} - \frac{(1-\frac{r_S}{r})}{c^2 r^2}$$

$$\Leftrightarrow \quad \left[\frac{d}{d\Phi}\left(\frac{1}{r(\Phi)}\right)\right]^2 = \frac{c^2 k^2}{h^2} - \frac{(1-\frac{r_S}{r})}{r^2}$$
$$-\frac{c^2(1-\frac{r_S}{r})}{h^2}$$
$$=\frac{c^2 k^2 - c^2}{h^2} - \frac{1}{r^2} + \frac{r_S}{r^3} + \frac{r_S c^2}{r h^2}$$

$$\Leftrightarrow \quad \left[\frac{d}{d\Phi}\left(\frac{1}{r(\Phi)}\right)\right]^2 + \frac{1}{r^2} = \frac{c^2 k^2 - c^2}{h^2}$$
$$+\frac{r_S c^2}{r h^2} + \frac{r_S}{r^3}.$$

Nun leiten wir nach Φ ab:

$$2\frac{d}{d\Phi}\left(\frac{1}{r}\right)\frac{d^2}{d\Phi^2}\left(\frac{1}{r}\right) + \frac{2}{r}\frac{d}{d\Phi}\left(\frac{1}{r}\right) = \frac{r_S c^2}{h^2}\frac{d}{d\Phi}\left(\frac{1}{r}\right) + \frac{3r_S}{r^2}\frac{d}{d\Phi}\left(\frac{1}{r}\right).$$

Wir schließen zunächst die Lösung $\frac{d}{d\Phi}\left(\frac{1}{r}\right) = 0$ aus und dürfen damit durch $2\frac{d}{d\Phi}\left(\frac{1}{r}\right)$ dividieren:[11]

$$\frac{d^2}{d\Phi^2}\left(\frac{1}{r}\right) + \frac{1}{r} = \frac{c^2 r_S}{2h^2} + \frac{3r_S}{2r^2}.$$

Wenn wir nun den Schwarzschild-Radius einsetzen, haben wir die Bewegungsgleichung im Gravitationsfeld der Sonne

$$\frac{d^2}{d\Phi^2}\left(\frac{1}{r}\right) + \frac{1}{r} = \frac{GM}{h^2} + \frac{3GM}{r^2 c^2} \tag{9.22}$$

hergeleitet. Für ein masseloses Teilchen müssen wir, wie bereits erwähnt, die Eins in Gleichung (9.17) durch eine Null ersetzen. Die Herleitung der Bewegungsgleichung erfolgt dann vollkommen analog. Wir formen zunächst die Gleichung des Wegelementes um:

$$0 = \left(1 - \frac{r_S}{r}\right)\dot{t}^2 - \left(1 - \frac{r_S}{r}\right)^{-1}\frac{\dot{r}^2}{c^2} - \frac{r^2}{c^2}\dot{\Phi}^2$$

$$= \left(1 - \frac{r_S}{r}\right)^{-1}k^2 - \frac{1}{c^2}\left(1 - \frac{r_S}{r}\right)^{-1}h^2\frac{1}{r^4}\left(\frac{d\Phi}{dr}\right)^2 - \frac{h^2}{c^2 r^2}$$

$$= \left(1 - \frac{r_S}{r}\right)^{-1}k^2 - \frac{1}{c^2}\left(1 - \frac{r_S}{r}\right)^{-1}h^2\left[\frac{d}{d\Phi}\left(\frac{1}{r(\Phi)}\right)\right]^2 - \frac{h^2}{c^2 r^2}$$

$$= \frac{k^2}{h^2} - \frac{1}{c^2}\left[\frac{d}{d\Phi}\left(\frac{1}{r(\Phi)}\right)\right]^2 - \frac{(1 - \frac{r_S}{r})}{c^2 r^2}.$$

Nun können wir wieder die Gleichung nach $\left[\frac{d}{d\Phi}\left(\frac{1}{r(\Phi)}\right)\right]^2$ umstellen.

---

[11] Diese Lösung kann separat betrachtet werden und entspricht einem Kreis [RYD 09, Kap 5.6].

Anschließend betrachten wir wieder die Ableitung nach Φ:

$$\left[\frac{d}{d\Phi}\left(\frac{1}{r(\Phi)}\right)\right]^2 = \frac{c^2 k^2}{h^2} - \frac{(1 - \frac{r_S}{r})}{r^2}$$

$$= \frac{c^2 k^2 - c^2}{h^2} - \frac{1}{r^2} + \frac{r_S}{r^3}$$

$$\Leftrightarrow \left[\frac{d}{d\Phi}\left(\frac{1}{r(\Phi)}\right)\right]^2 + \frac{1}{r^2} = \frac{c^2 k^2 - c^2}{h^2} + \frac{r_S}{r^3}$$

$$\Rightarrow 2\frac{d}{d\Phi}\left(\frac{1}{r}\right)\frac{d^2}{d\Phi^2}\left(\frac{1}{r}\right) + \frac{2}{r}\frac{d}{d\Phi}\left(\frac{1}{r}\right) = \frac{3r_S}{r^2}\frac{d}{d\Phi}\left(\frac{1}{r}\right).$$

Wiederum schließen wir die Lösung eines Kreises ($\frac{d}{d\Phi}\left(\frac{1}{r}\right) = 0$) aus und dividieren durch diesen Ausdruck. Dann erhalten wir die Bewegungsgleichung für ein masseloses Teilchen im Gravitationsfeld der Sonne:

$$\frac{d^2}{d\Phi^2}\left(\frac{1}{r}\right) + \frac{1}{r} = \frac{3r_S}{2r^2} = \frac{3GM}{r^2 c^2}. \tag{9.23}$$

Nach dieser mühsamen Herleitung der Bewegungsgleichung im Gravitationsfeld der Sonne sind wir nun gerüstet die zwei weiteren klassischen Vorhersagen zu betrachten und mit den Ergebnissen der Experimente zu konfrontieren.

9.3 Die Periheldrehung des Merkurs

Die zweite Vorhersage durch die ART, die wir nun diskutieren, thematisiert die Bahnkurve der Planeten in unserem Sonnensystem. In der klassischen Mechanik bewegen sich die Planeten auf geschlossenen Ellipsenbahnen um die Sonne. Wir wiederholen die Herleitung der Bewegungsgleichung nicht explizit. Sie kann in [SCHR 11, Kap

9.1] oder [NOL 13a, Kap. 2.5] nachgelesen werden. Diese klassische Betrachtung führt in unserer Notation auf die Differentialgleichung

$$\frac{d^2}{d\Phi^2}\left(\frac{1}{r}\right) + \frac{1}{r} = \frac{GM}{h^2}.$$ (9.24)

Diese Differentialgleichung wird durch Ellipsen (für $0 < |\epsilon| < 1$), die der Gleichung

$$\frac{1}{r} = \frac{GM}{h^2}\left[1 + \epsilon\ \cos(\Phi - \Phi_0)\right]$$ (9.25)

genügen, gelöst.

Die Exzentrizität der Ellipse ist durch den Parameter ϵ in der Gleichung repräsentiert. Für den Winkel $\Phi = 0$ ist der Abstand des Planeten zur Sonne am geringsten. Dieser Punkt wird auch Perihel genannt [KW 00].

Durch die relativistische Gravitationstheorie verschiebt sich nun das Perihel in jedem Umlauf um ein kleines Stückchen. Aus der geschlossenen Ellipsenbahn wird eine Rosettenbahn.

Korrekterweise muss angemerkt werden, dass sich das Perihel nicht nur aus relativistischen Gründen dreht. Vielmehr tragen Faktoren, wie die Präzession des Frühlingspunktes gegenüber den Fixsternen und die Störung durch andere Planeten den größten Anteil an der Periheldrehung [WEI 72, Kap 8.6]. Diese Effekte waren schon vor Einsteins Allgemeiner Relativitätstheorie bekannt und berechnet worden. Allerdings ergibt sich nach Berechnung dieser Effekte, die in der Newton'schen Theorie beschrieben werden können, eine Inkonsistenz mit der Beobachtung. Die Differenz von $43''$ bei der Periheldrehung des Merkurs war ein bis dato ungelöstes Problem der Astronomie.

Wir berechnen nun die Periheldrehung eines Planetens aufgrund der Allgemeinen Relativitätstheorie und geben anschließend den erwarteten Effekt für den Merkur an. Wir vergleichen die relativistische Geodätengleichung (9.22) mit der klassischen Bewegungsgleichung nach Newton, (9.24), für die Bewegung eines Planeten im Sonnensystem. Die relativistische Gleichung hat einen zusätzlichen Term $\frac{3GM}{r^2c^2}$. Dieser Term muss also die Lösung der Differentialgleichung so beeinflussen, dass eine Periheldrehung entsteht.

In der Lösung der klassischen Gleichung (9.25) können wir die Koordinaten geschickt wählen, sodass $\Phi_0 = 0$ ist. Die Lösung der Differentialgleichung wird dadurch zu:

$$\frac{1}{r} = \frac{GM}{h^2}(1 + \epsilon \, \cos \Phi). \tag{9.26}$$

Wir ersetzen mit dieser Gleichung den hinteren Term in unserer Geodätengleichung (9.22). Dies ist zulässig, da dieser Term im Vergleich zu den anderen Termen klein ist und wir somit (9.26) als Approximation einsetzen können:

$$\begin{aligned}
\frac{d^2}{d\Phi^2}\left(\frac{1}{r}\right) + \frac{1}{r} &= \frac{GM}{h^2} + \frac{3GM}{c^2}\frac{1}{r^2} \\
&= \frac{GM}{h^2} + \frac{3G^3M^3}{h^4c^2}(1 + \epsilon \, \cos \Phi)^2 \\
&= \frac{GM}{h^2} + \frac{3G^3M^3}{h^4c^2}(1 + 2\epsilon \, \cos \Phi + \epsilon^2 \cos^2 \Phi).
\end{aligned}$$

Die Exzentrizität von Merkur ist so gering, dass wir den Term $\sim \epsilon^2$ vernachlässigen können.[12]

---

[12] Die Exzentrizität von Merkur beträgt $\epsilon = 0.205$ [WIL 15].

Ebenfalls sehen wir vom konstanten Term $\frac{3G^3M^3}{h^4c^2}$ ab, da dieser nicht den interessanten Effekt der Periheldrehung verursacht (nach [SCHR 11, S. 116]). So vereinfacht sich die Differentialgleichung zu:

$$\frac{d^2}{d\Phi^2}\left(\frac{1}{r}\right) + \frac{1}{r} - \frac{GM}{h^2} = \frac{6G^3M^3}{h^4c^2}\epsilon\,\cos\Phi. \qquad (9.27)$$

Die Lösung einer inhomogenen Differentialgleichung setzt sich aus der Summe der Lösung der homogenen Gleichung und einer speziellen Lösung der inhomogenen Gleichung zusammen. Die homogene Differentialgleichung haben wir bereits durch die angegebene Gleichung (9.25) für $\frac{1}{r_0}$ gelöst. Für die partikuläre Lösung nähern wir mit dem Ansatz $\frac{1}{r} \approx \frac{1}{r_0} + \frac{1}{r_1}$ die Differentialgleichung an. Die angenährte partikuläre Lösung muss dann die Differentialgleichung

$$\frac{d^2}{d\Phi^2}\left(\frac{1}{r_1}\right) + \frac{1}{r_1} = \frac{6G^3M^3}{h^4c^2}\epsilon\,\cos\Phi \qquad (9.28)$$

erfüllen. Diese Differentialgleichung wird durch

$$\frac{1}{r_1} = \frac{3G^3M^3}{h^4c^2}\epsilon\,\Phi\sin\Phi \qquad (9.29)$$

gelöst.

Wir verifizieren diese Aussage, indem wir die vorgeschlagene Lösung in die Differentialgleichung einsetzen:

$$\frac{d^2}{d\Phi^2}\left(\frac{1}{r_1}\right) + \frac{1}{r_1} = \frac{d^2}{d\Phi^2}\left[\frac{3G^3M^3}{h^4c^2}\epsilon\,\Phi\sin\Phi\right] + \frac{3G^3M^3}{h^4c^2}\epsilon\,\Phi\sin\Phi$$

$$= \frac{d}{d\Phi}\left[\frac{3G^3M^3}{h^4c^2}\epsilon(\sin\Phi + \Phi\cos\Phi)\right]$$

$$+ \frac{3G^3M^3}{h^4c^2}\epsilon\,\Phi\sin\Phi$$

$$= \frac{3G^3M^3}{h^4c^2}\epsilon(2\cos\Phi - \Phi\sin\Phi) + \frac{3G^3M^3}{h^4c^2}\epsilon\,\Phi\sin\Phi$$

$$= \frac{6G^3M^3}{h^4c^2}\epsilon\,\cos\Phi.$$

Die Lösung der Geodätengleichung (9.27) haben wir nun also durch Addition zu

$$\frac{1}{r} = \frac{GM}{h^2}\left(1 + \epsilon\,\cos\Phi + \frac{3G^2M^2}{h^2c^2}\epsilon\,\Phi\sin\Phi\right) \qquad (9.30)$$

bestimmt. An dieser Stelle benötigen wir einen Trick, um die Lösung so umzuformen, dass die Form einer präzedierenden Ellipse erkennbar wird. In der Gleichung (9.30) werden wir zwei Vorfaktoren substituieren, um ein Additionstheorem anwenden zu können.

Betrachten wir nämlich den Faktor vor $\epsilon\,\sin\Phi$ des Beitrags der partikulären Lösung,

$$\Delta\Phi_0 := \frac{3G^2M^2}{h^2c^2}\Phi,$$

stellen wir fest, dass er sehr viel kleiner als Eins ist.

Wir nennen diesen Faktor $\Delta\Phi_0$ und dürfen dann, wegen $\Delta\Phi_0 \ll 1$, folgende Näherung treffen:

$$1 \approx \cos\Delta\Phi_0, \qquad \Delta\Phi_0 \approx \sin\Delta\Phi_0. \qquad (9.31)$$

Hiermit lässt sich nun durch Substitution der Koeffizienten die Lösung (9.30) in eine kompakte Form bringen:

$$\frac{GM}{h^2}\left(1 + \epsilon\,\cos\Phi + \frac{3G^2M^2}{h^2c^2}\epsilon\,\Phi\sin\Phi\right)$$

$$\overset{(9.31)}{=} \frac{GM}{h^2}\left(1 + \epsilon\,\cos\Phi + \epsilon\,\Delta\Phi_0\sin\Phi\right)$$

$$\overset{(9.31)}{=} \frac{GM}{h^2}(1 + \epsilon\,\cos\Delta\Phi_0\,\cos\Phi$$

$$+ \epsilon\,\sin\Delta\Phi_0\,\sin\Phi)$$

$$= \frac{GM}{h^2}\left[1 + \epsilon\,\cos(\Phi - \Delta\Phi_0)\right]. \qquad (9.32)$$

Im letzten Schritt wurde das Additiontheorem

$$\cos\alpha\,\cos\beta + \sin\alpha\,\sin\beta = \cos(\alpha - \beta)$$

angewendet.

Bewegt sich der Merkur nun auf seiner Ellipsenbahn, so ändert sich das Argument des Kosinus bei einem Umlauf um 2π.

Also gilt bei einem Umlauf für Φ:

$$2\pi \overset{!}{=} \Phi - \frac{3G^2M^2}{h^2c^2}\Phi \;\Rightarrow\; \Phi = \frac{2\pi}{1 - \frac{3G^2M^2}{h^2c^2}}. \qquad (9.33)$$

Da es sich um eine kleine Änderung handelt, führen wir eine Näherung durch die Taylorreihe in erster Ordnung durch:

$$\Phi = \frac{2\pi}{1 - \frac{3G^2M^2}{h^2c^2}} \approx 2\pi \left(1 + \frac{3G^2M^2}{h^2c^2} \right). \qquad (9.34)$$

Die Lage des Perihels ist also pro Umlauf um den Winkel $\Delta\Phi = 2\pi\frac{3G^2M^2}{h^2c^2}$ verschoben. Setzen wir nun die Daten der Bewegung des Merkur um die Sonne ein, erhalten wir eine theoretische Perihelverschiebung von

$$\Delta\Phi_{theo} = 43,03''. \qquad (9.35)$$

Experimentelles Ergebnis

Dies stimmt in erstaunlicher Genauigkeit mit der Beobachtung von $\Delta\Phi_{ex} = (43,11 \pm 0,45)''$ überein [WEI 72, Kap. 8.6]. Als Bestätigung kann die Übereinstimmung allerdings erst dann angesehen werden, falls es keine weiteren möglichen Effekte gibt, die eine solche Periheldrehung verursachen könnten. So wird in der Literatur angeführt, dass beispielsweise aufgrund der Rotation der Sonne das Gravitationsfeld nicht kugelsymmetrisch ist. Auch das Quadrupolmoment der Sonne, welches wir nicht detaillierter diskutieren wollen, führt zu einem Beitrag der Periheldrehung. Dieser ist allerdings verschwindend klein und liegt sogar außerhalb der Messgenauigkeit [FLI 12a, Kap. 27].

9.4 Die Lichtablenkung

In der Einleitung zu diesem Kapitel wird auf die erfolgreiche Messung der Ablenkung von Licht im Jahr 1919 eingegangen. Forscher haben damals die Position einiger Sterne in der Nähe der Sonne während einer Sonnenfinsternis beobachtet. Die Daten wurden mit den Positionsmessungen am Nachthimmel verglichen. Eine Verschiebung der Position wurde beobachtet. Die Messung ist allerdings stark fehlerbehaftet. Nichtsdestotrotz erlangte Einsteins Theorie durch diese Messungen große Aufmerksamkeit. Mittlerweile wurde der Effekt der Ablenkung von elektromagnetischer Strahlung durch Messungen mit Radiowellen mit einer höheren Genauigkeit überprüft.[13]

In der Newton'schen Gravitationstheorie und unseren ersten Versuchen einer Verallgemeinerung im Abschnitt 4.1 ist eine Ablenkung von Licht nicht erklärbar. Die Gravitation hat hier keinen Einfluss auf die Ausbreitung von elektromagnetischer Strahlung.

Die ART sieht einen solchen Effekt jedoch vor. Wir knüpfen an die Vorbereitung im Abschnitt 9.2 an. Für masselose Teilchen, also insbesondere auch Photonen, haben wir die Geodätengleichung im Gravitationsfeld der Sonne zu

$$\frac{d^2}{d\Phi^2}\left(\frac{1}{r}\right) + \frac{1}{r} \overset{(9.23)}{=} \frac{3GM}{r^2c^2}$$

bestimmt. Diese inhomogene Differentialgleichung lösen wir mit dem bewährten Verfahren. Als Erstes bestimmen wir eine Lösung der homogenen Differentialgleichung. Die homogene Differentialgleichung lautet:

$$\frac{d^2}{d\Phi^2}\left(\frac{1}{r}\right) + \frac{1}{r} = 0. \tag{9.36}$$

Eine Differentialgleichung dieser Form lässt sich leicht mit ein trigonometrischen Ansatz $A\sin(\Phi+\Phi_0)$ lösen, denn der Sinus (bzw. auch der

---

[13] Es wurde die Vorhersage der ART mit einer Abweichung von 0.9998 ± 0.0008 bestätigt [LEB 95].

Kosinus) erfüllt die Eigenschaft, gleich dem Negativen seiner zweiten Ableitung zu sein. Zur Vereinfachung wählen wir das Koordinatensystem so, dass Φ_0 Null ist. Die Konstante A können wir frei wählen. Zur späteren Interpretation schreiben wir $\frac{1}{r_0}$, sodass die Lösung mit

$$\frac{1}{r} = \frac{1}{r_0} \sin \Phi \qquad (9.37)$$

angegeben werden kann. Stellen wir die Gleichung nach r_0 um, so fällt uns die Interpretation unter Berücksichtigung von kartesischen Koordinaten leichter, denn es folgt:

$$\frac{1}{r} = \frac{1}{r_0} \sin \Phi$$
$$\Leftrightarrow \quad r \sin \Phi = r_0$$
$$\Leftrightarrow \quad y = r_0.$$

Das Licht bewegt sich also auf einer Geraden im Abstand r_0 von der x-Achse. Es wird nicht vom Gravitationsfeld der Sonne beeinträchtigt. Eine Gerade entspricht unseren Erwartungen in einem flachen Raum.

Die partikuläre Lösung der Differentialgleichung können wir näherungsweise mit

$$\frac{1}{r} = \frac{GM}{c^2 r_0^2}(1 + \cos^2 \Phi) \qquad (9.38)$$

angeben. Wir verifizieren die Lösung durch Einsetzen in die Differentialgleichung. Analog zum Kapitel der Periheldrehung substituieren wir $\frac{1}{r}$ in der inhomogenen Gleichung durch die Lösung der homogenen Gleichung, um eine approximative Lösung der inhomogenen Gleichung zu finden. Somit müssen wir nachweisen, dass (9.38) die

Gleichung

$$\frac{d^2}{d\Phi^2}\left(\frac{1}{r}\right) + \frac{1}{r} = \frac{3GM}{r_0^2 c^2}\sin^2\Phi \tag{9.39}$$

erfüllt. Wir setzen also ein:

$$
\begin{aligned}
\frac{d^2}{d\Phi^2}\left(\frac{1}{r}\right) + \frac{1}{r} &= \frac{d^2}{d\Phi^2}\left[\frac{GM}{c^2 r_0^2}(1+\cos^2\Phi)\right] + \frac{GM}{c^2 r_0^2}(1+\cos^2\Phi)\\
&= \frac{d}{d\Phi}\left[\frac{GM}{c^2 r_0^2}\cdot(-2\sin\Phi\cos\Phi)\right] + \frac{GM}{c^2 r_0^2}(1+\cos^2\Phi)\\
&= \frac{GM}{c^2 r_0^2}\cdot\left(2\sin^2\Phi - 2\cos^2\Phi\right) + \frac{GM}{c^2 r_0^2}(1+\cos^2\Phi)\\
&= \frac{GM}{c^2 r_0^2} + \frac{GM}{c^2 r_0^2}\cdot 2\sin^2\Phi - \frac{GM}{c^2 r_0^2}\cos^2\Phi\\
&= \frac{GM}{c^2 r_0^2}(\cos^2\Phi + \sin^2\Phi)\\
&\quad + \frac{GM}{c^2 r_0^2}\cdot 2\sin^2\Phi - \frac{GM}{c^2 r_0^2}\cos^2\Phi\\
&= \frac{3GM}{c^2 r_0^2}\sin^2\Phi.
\end{aligned}
$$

Die angenäherte Lösung der Bewegungsgleichung (9.23) ergibt sich dann wieder durch die Addition

$$\frac{1}{r} = \frac{1}{r_0}\sin\Phi + \frac{GM}{c^2 r_0^2}(1+\cos^2\Phi). \tag{9.40}$$

Wir formen nun die Gleichung weiter in mehreren Schritten um. Da die Beobachtungen eine Ablenkung des Lichtes im Gravitationsfeld ergeben, erwarten wir die Form $y = r_0 + m(x,y)x$.

Doch gehen wir in kleinen Schritten vor:

$$\frac{1}{r} = \frac{1}{r_0} \sin \Phi + \frac{GM}{c^2 r_0^2}[1 + \cos^2 \Phi]$$

$$\Leftrightarrow r_0 = r \sin \Phi + \frac{GM}{c^2 r_0} r[(\sin^2 \Phi + \cos^2 \Phi) + \cos^2 \Phi]$$

$$= y + \frac{GM}{c^2 r_0}[r \sin^2 \Phi + 2r \cos^2 \Phi]$$

$$= y + \frac{GM}{c^2 r_0} \frac{r[r \sin^2 \Phi + 2r \cos^2 \Phi]}{r}$$

$$\Leftrightarrow y = r_0 - \frac{GM}{c^2 r_0} \frac{y^2 + 2x^2}{\sqrt{x^2 + y^2}}.$$

Im letzten Schritt haben wir die Koordinaten wieder transformiert. Tatsächlich beschreibt die unterste Gleichung eine Abweichung von der Geraden $y = r_0$. Je weiter wir uns von $x = 0$ wegbewegen, umso größer ist der Störterm. Asymptotisch gilt dann:

$$y \approx r_0 - \frac{2GM}{c^2 r_0} x. \tag{9.41}$$

Dies beschreibt eine Gerade mit der Steigung $-\frac{GM}{c^2 r_0}$. Für kleine Winkel α, die die Gerade mit der x-Achse einschließt entspricht die Steigung:

$$-\alpha \approx -\tan \alpha = -\frac{2GM}{c^2 r_0}. \tag{9.42}$$

Ein Lichtstrahl, der von einem Stern zum Beobachter kommt, erfährt eine Ablenkung die durch den Winkel zwischen den Asymptoten gegeben ist (siehe Abbildung 9.1). Aus geometrischen Überlegungen finden wir $\delta = 2\alpha$.[14]

---

[14] Der Winkel δ ist das Doppelte des Stufenwinkels von α. Siehe Abbildung 9.1.

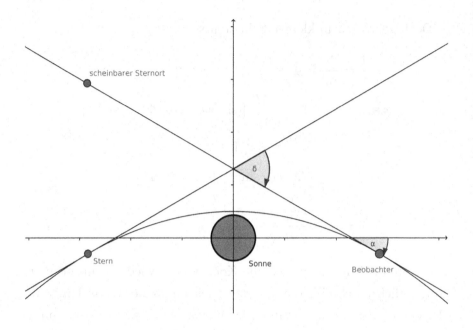

Abbildung 9.1: Lichtablenkung im Gravitationsfeld der Sonne (nach
                [SCHR 11]).

Der Ablenkungswinkel ist also:

$$\delta = \frac{4GM}{c^2 r_0}. \tag{9.43}$$

Mit den Daten unserer Sonne ergibt sich für einen Lichtstrahl, der
die Sonne an ihrem Radius passiert $(r_0 = r_{Sonne})$:

$$\delta = \frac{4GM}{c^2 r_0} = 1,75''. \tag{9.44}$$

Die oben erwähnte genaue Messung an Quasaren ermittelte eine Ablenkung von $\delta = (1,76 \pm 0,01)$ und stimmt somit mit einer Ungenauigkeit von einem Prozent mit der Vorhersage überein [LEB 95].

9.5 Weitere Bestätigungen von Vorhersagen

Die drei Vorhersagen, die historisch zuerst überprüft wurden, wurden ausführlich diskutiert. Die verblüffende Übereinstimmung von Vorhersage und Experiment führt zum hohen Bekanntheitsgrad und zur Akzeptanz von Einsteins Gravitationstheorie. In den letzten hundert Jahren, seit Einstein 1915 seine Feldgleichungen präsentiert hat, wurden weitere Vorhersagen in Experimenten überprüft. Eine nicht mehr ganz aktuelle, aber dennoch gute Übersicht findet der Leser in [MTW 73, Box 40.4]. An dieser Stelle seien exemplarisch drei weitere Bestätigungen erwähnt.

So wurde in den 1980er-Jahren ein Radarsignal auf einen Planeten geschickt. Das dort reflektierte Signal gelangte zurück auf die Erde und wurde detektiert. Durch das Gravitationsfeld der Sonne ist die Laufzeit des Signals bei Hin- und Rückweg unterschiedlich. Die gemessene Verzögerung des Radarechos zeigte eine Übereinstimmung mit der berechneten Vorhersage. Eine verständliche Darstellung des Effekts findet der Leser in [RYD 09, Kap. 5.11].

Weitere Nachweise der Vorhersagen der ART wurden durch die Bestimmung der Mondbahn erbracht [WTB 04]. Hierdurch wird beispielsweise die Äquivalenz von träger und schwerer Masse mit großer Genauigkeit nachgewiesen. Ebenfalls konnte eine Präzession der Mondbahn beobachtet werden, die konform mit der Allgemeinen Relativitätstheorie ist. Diese Präzessionseffekte werden in dieser Arbeit nicht genauer diskutiert.

Als weitere Effekte sind Gravitationslinsen aufzuzählen. Da durch große Masse Lichtstrahlen abgelenkt werden, liegt es nahe im Vergleich zu optischen Linsen, einen Linseneffekt auch durch starke Gravitationsfelder beobachten zu können. Wenn sich Licht- oder Radiowellen zum Beispiel nahe an einer Galaxie fortbewegen, werden die Strahlen fokussiert. Liegt das Zentrum der Gravitationslinse auf einer Linie zwischen Quelle und Beobachter, kann der Beobachter einen sogenannten "Einstein-Ring" sehen. Liegt das Zentrum leicht versetzt, entstehen mehrere Bilder derselben Quelle. 1979 wurde ein solcher Effekt bei einem Doppelquasar beobachtet. Wissenschaftler beobachteten zwei Doppelquasare mit identischem Spektrum und gleicher Rotverschiebung in unmittelbarer Nähe. Da es sehr unwahrscheinlich ist zwei identische Doppelquasare in unmittelbarer Nähe zu beobachten, wurde vermutlich der Effekt einer Gravitationslinse gemessen. Eine detaillierte Auseinandersetzung mit Gravitationslinsen findet sich [SEF 13].

10 Gravitationswellen

Die aktuellste Bestätigung einer Vorhersage der ART haben Wissenschaftler 2015 erbracht [ABB 16]. In einer Pressekonferenz wurde am 11. Februar 2016 verkündet, dass es gelungen ist Gravitationswellen zu detektieren. Einstein selbst hatte, als er Gravitationswellen vorhersagte, nicht geglaubt, dass es jemals möglich sein sollte, diese nachzuweisen. Der Effekt ist schließlich winzig. Eine Gravitationswelle ist ein Gravitationsfeld, welches sich unabhängig von der aktuellen Massenverteilung im Raum ausbreitet.

Die Feldgleichungen der Gravitation sind im Gegensatz zu den Feldgleichungen der Elektrodynamik nicht-linear. Es lassen sich nur wenige exakte Lösungen unter vereinfachenden Annahmen, wie bei der von uns diskutierten Schwarzschild-Lösung, finden. Betrachten wir allerdings eine lineare Näherung der Feldgleichungen, so können wir, analog zu Wellen in der Elektrodynamik, als Lösungen Wellen finden.

Nach der Diskussion der linearen Näherung und der Analogiebetrachtung betrachten wir Quellen, Ausbreitung und Wirkung von Gravitationswellen. Diese Teile der Arbeit sind am Lehrbuch [FLI 12a, Kap. 32-37] orientiert. Abschließend gehen wir auf den gelungenen experimentellen Nachweis von Gravitationswellen ein.

10.1 Lineare Näherung der Feldgleichungen

Einsteins Ausgangspunkt für die Diskussion von Gravitationswellen ist ein schwaches Gravitationsfeld [PAI 09, Kap. 15d]. Dadurch ist eine Näherung in erster Ordnung zulässig. Bei der gesamten folgenden Diskussion müssen wir im Hinterkopf behalten, dass es sich bei allen physikalischen Interpretationen und Folgerungen immer noch um die Näherung eines schwachen Feldes handelt. Die Verallgemeinerung stellt sich als schwierige Aufgabe heraus. Die folgende Diskussion der Linearisierung ist an [WEI 72, Kap. 10.1] und [RYD 09, Kap. 9.1] angelehnt.

Als wir im Abschnitt 6.1 den Newton'schen Grenzfall diskutierten, haben wir den metrischen Tensor bereits durch den Minkowski-Tensor angenähert ($g_{\mu\nu} = \eta_{\mu\nu} + h_{\mu\nu}$, (6.15)). Diese Nährung ist nun Ausgangspunkt unserer Diskussion. Wir sind an der Näherung in erster Ordnung interessiert. Aus diesem Grund werden wir in allen Berechnungen nichtlineare Terme in $h_{\mu\nu}$ vernachlässigen.

In der betrachteten Näherung heben und senken wir Indizes mit $\eta^{\mu\nu}$ und $\eta_{\mu\nu}$, anstatt mit den exakten metrischen Tensoren $g^{\mu\nu}$ und $g_{\mu\nu}$. Wir benötigen im Folgenden für die Bestimmung der Christoffel-Symbole den metrischen Tensor $g^{\mu\nu}$ mit zwei obenstehenden Indizes. Wir machen den Ansatz ($\eta^{\mu\nu} + \chi^{\mu\nu}$), wobei $\chi^{\mu\nu}$ analog zu $h^{\mu\nu}$ hinreichend klein sei. Um χ zu bestimmen setzen wir den metrischen Tensor (6.15) in die Eigenschaft (5.24) ein:

$$g^{\mu\nu}g_{\nu\kappa} \overset{(5.24)}{=} \delta^{\mu}_{\kappa}$$

$$\Leftrightarrow \qquad (\eta^{\mu\nu} + \chi^{\mu\nu})(\eta_{\nu\kappa} + h_{\nu\kappa}) = \delta^{\mu}_{\kappa}$$

$$\Leftrightarrow \eta^{\mu\nu}\eta_{\nu\kappa} + \eta^{\mu\nu}h_{\nu\kappa} + \chi^{\mu\nu}\eta_{\nu\kappa} + \chi^{\mu\nu}h_{\nu\kappa} = \delta^{\mu}_{\kappa}. \qquad (10.1)$$

Da wir nur an Lösungen erster Ordnung interessiert sind, vernachlässigen wir das Produkt $\chi^{\mu\nu}h_{\nu\kappa}$. Wir folgern somit:

$$\eta^{\mu\nu}h_{\nu\kappa} + \chi^{\mu\nu}\eta_{\nu\kappa} = 0$$
$$\Leftrightarrow \quad h^{\mu}{}_{\kappa} + \chi^{\mu}{}_{\kappa} = 0$$
$$\Leftrightarrow \quad \chi^{\mu}{}_{\kappa} = -h^{\mu}{}_{\kappa}.$$

Wir kommen zu dem Ergebnis, dass der metrische Tensor mit beiden Indizes oben durch

$$g^{\mu\nu} = \eta^{\mu\nu} - h^{\mu\nu} \tag{10.2}$$

angenähert wird. Nun sind wir gerüstet, die Christoffel-Symbole $\Gamma^{\lambda}{}_{\mu\nu}$ in der Näherung zu bestimmen.

Wir setzen die Definition (5.36) ein und vereinfachen:

$$\Gamma^{\lambda}{}_{\mu\nu} \overset{(5.36)}{=} \frac{(\eta^{\lambda\rho} - h^{\lambda\rho})}{2}\left[(\eta_{\rho\nu} + h_{\rho\nu})_{,\mu} + (\eta_{\rho\mu} + h_{\rho\mu})_{,\nu} - (\eta_{\mu\nu} + h_{\mu\nu})_{,\rho}\right]$$
$$\approx \frac{1}{2}\eta^{\lambda\rho}(h_{\rho\nu,\mu} + h_{\rho\mu,\nu} - h_{\mu\nu,\rho}). \tag{10.3}$$

Die zweite Gleichheit gilt, da die Ableitungen von $\eta_{\mu\nu}$ verschwinden und wir nicht-lineare Terme in $h_{\mu\nu}$ vernachlässigen.

Als Nächstes berechnen wir den Ricci-Tensor (5.58) in der linearen Näherung. Da wir Terme in der Ordnung von $\mathcal{O}(h^2)$ vernachlässigen, verschwindet auch das Produkt zweier Christoffel-Symbole.

Der Ricci-Tensor ist deshalb:

$$R_{\mu\nu} \approx \Gamma^\lambda{}_{\mu\lambda,\nu} - \Gamma^\lambda{}_{\mu\nu,\lambda} + \mathcal{O}(h^2)$$

$$\overset{(10.3)}{=} \frac{1}{2}\eta^{\lambda\rho}(h_{\rho\lambda,\mu,\nu} + h_{\rho\mu,\lambda,\nu} - h_{\mu\lambda,\rho,\nu})$$

$$- \frac{1}{2}\eta^{\lambda\rho}(h_{\rho\nu,\mu,\lambda} + h_{\rho\mu,\nu,\lambda} - h_{\mu\nu,\rho,\lambda}) + \mathcal{O}(h^2)$$

$$= \frac{1}{2}(h^\lambda{}_{\lambda,\mu,\nu} + h^\lambda{}_{\mu,\lambda,\nu} - h_\mu{}^\rho{}_{,\rho,\nu}$$

$$- h^\lambda{}_{\nu,\mu,\lambda} - h^\lambda{}_{\mu,\nu,\lambda} + h_{\mu\nu}{}^{,\lambda}{}_{,\lambda}) + \mathcal{O}(h^2)$$

$$= \frac{1}{2}(h^\lambda{}_{\lambda,\mu,\nu} + h^\lambda{}_{\mu,\lambda,\nu} - h^\rho{}_{\mu,\nu,\rho}$$

$$- h^\lambda{}_{\nu,\mu,\lambda} - h^\lambda{}_{\mu,\lambda,\nu} + h_{\mu\nu}{}^{,\lambda}{}_{,\lambda}) + \mathcal{O}(h^2)$$

$$= \frac{1}{2}(h^\lambda{}_{\lambda,\mu,\nu} - h^\rho{}_{\mu,\nu,\rho} - h^\lambda{}_{\nu,\mu,\lambda} + h_{\mu\nu}{}^{,\lambda}{}_{,\lambda}) + \mathcal{O}(h^2)$$

$$= \frac{1}{2}\left(h^\lambda{}_{\lambda,\mu,\nu} - h^\lambda{}_{\mu,\nu,\lambda} - h^\lambda{}_{\nu,\mu,\lambda} + \Box h_{\mu\nu}\right) + \mathcal{O}(h^2). \qquad (10.4)$$

Als wir den Newton'schen Grenzfall der Feldgleichungen diskutiert haben, haben wir die Feldgleichungen in der Form $R_{\mu\nu} = -\frac{8\pi G}{c^4}(T_{\mu\nu} - \frac{T}{2}g_{\mu\nu})$, (7.20), angegeben. Hier setzen wir nun unsere Näherung ein:

$$R_{\mu\nu} \overset{(10.4)}{=} \frac{1}{2}\left(\Box h_{\mu\nu} + h^\lambda{}_{\lambda,\mu,\nu} - h^\lambda{}_{\mu,\nu,\lambda} - h^\lambda{}_{\nu,\lambda,\mu}\right)$$

$$= -\frac{8\pi G}{c^4}\left[T_{\mu\nu} - \frac{T}{2}(\eta_{\mu\nu} + h_{\mu\nu})\right].$$

Nun nutzen wir den geringen Betrag von $h_{\mu\nu}$ aus und erhalten:

$$\Box h_{\mu\nu} + h^\lambda{}_{\lambda,\mu,\nu} - h^\lambda{}_{\mu,\nu,\lambda} - h^\lambda{}_{\nu,\lambda,\mu,} \approx -\frac{16\pi G}{c^4}\left(T_{\mu\nu} - \frac{T}{2}\eta_{\mu\nu}\right).$$

$$(10.5)$$

Transformation auf harmonische Koordinaten

Wir wollen diese Feldgleichungen weiter vereinfachen. Dazu verwenden wir in Analogie zur Elektrodynamik sogenannte Eichtransformationen.[1] Die Feldgleichungen sind kovariant formuliert. Wir dürfen insbesondere auch eine Koordinatentransformation, die nur geringfügig von den Minkowski-Koordinaten abweicht, betrachten. Der Korrekturterm $\epsilon^\mu(x)$ sei dementsprechend in derselben Größenordnung wie $h_{\mu\nu}$:

$$x^\mu \to x'^\mu = x^\mu + \epsilon^\mu(x).$$

$$(10.6)$$

Transformieren wir nun den metrischen Tensor

$$g'^{\mu\nu} = \alpha^\mu{}_\lambda\, \alpha^\nu{}_\kappa\, g^{\lambda\kappa},$$

so können wir auch das Transformationsverhalten von $h^{\mu\nu}$ bestimmen. Wir benötigen dazu

$$\frac{\partial x'^\mu}{\partial x^\lambda} = \frac{\partial[x^\mu + \epsilon^\mu(x)]}{\partial x^\lambda} = \delta^\mu_\lambda + \epsilon^\mu{}_{,\lambda}.$$

$$(10.7)$$

Der Minkowski-Tensor bleibt unter der Transformation gleich ($\eta'^{\mu\nu} = \eta^{\mu\nu}$), da der Korrekturterm $\epsilon^\mu(x)$ in diesem Fall verschwindet.

---

[1] Die Eichung in der Elektrodynamik wird beispielsweise in [NOL 13c, 4.1.4] diskutiert.

Dann folgt:

$$g'^{\mu\nu} = \eta'^{\mu\nu} - h'^{\mu\nu} = \alpha^\mu{}_\lambda\,\alpha^\nu{}_\kappa(\eta^{\lambda\kappa} - h^{\lambda\kappa})$$

$$= (\delta^\mu_\lambda + \epsilon^\mu{}_{,\lambda})(\delta^\nu_\kappa + \epsilon^\nu{}_{,\kappa})(\eta^{\lambda\kappa} - h^{\lambda\kappa}),$$

$$\Leftrightarrow -h'^{\mu\nu} = (\delta^\mu_\lambda + \epsilon^\mu{}_{,\lambda})(\delta^\nu_\kappa + \epsilon^\nu{}_{,\kappa})(\eta^{\lambda\kappa} - h^{\lambda\kappa}) - \eta^{\mu\nu}$$

$$= (\delta^\mu_\lambda\delta^\nu_\kappa + \delta^\mu_\lambda\epsilon^\nu{}_{,\kappa} + \epsilon^\mu{}_{,\lambda}\delta^\nu_\kappa + \epsilon^\mu{}_{,\lambda}\epsilon^\nu{}_{,\kappa})(\eta^{\lambda\kappa} - h^{\lambda\kappa})$$
$$- \eta^{\mu\nu}$$

$$= (\delta^\mu_\lambda\delta^\nu_\kappa\eta^{\lambda\kappa} + \delta^\mu_\lambda\epsilon^\nu{}_{,\kappa}\eta^{\lambda\kappa} + \epsilon^\mu{}_{,\lambda}\delta^\nu_\kappa\eta^{\lambda\kappa} + \epsilon^\mu{}_{,\lambda}\epsilon^\nu{}_{,\kappa}\eta^{\lambda\kappa})$$
$$- (\delta^\mu_\lambda\delta^\nu_\kappa h^{\lambda\kappa} + \delta^\mu_\lambda\epsilon^\nu{}_{,\kappa}h^{\lambda\kappa} + \epsilon^\mu{}_{,\lambda}\delta^\nu_\kappa h^{\lambda\kappa}$$
$$+ \epsilon^\mu{}_{,\lambda}\epsilon^\nu{}_{,\kappa}h^{\lambda\kappa}) - \eta^{\mu\nu}$$

$$= (\eta^{\mu\nu} + \epsilon^\nu{}_{,\kappa}\eta^{\mu\kappa} + \epsilon^\mu{}_{,\lambda}\eta^{\lambda\nu} + \epsilon^\mu{}_{,\lambda}\epsilon^\nu{}_{,\kappa}\eta^{\lambda\kappa})$$
$$- (h^{\mu\nu} + \epsilon^\nu{}_{,\kappa}h^{\mu\kappa} + \epsilon^\mu{}_{,\lambda}h^{\lambda\nu} + \epsilon^\mu{}_{,\lambda}\epsilon^\nu{}_{,\kappa}h^{\lambda\kappa}) - \eta^{\mu\nu}.$$

Nun ziehen wir die Indizes mit dem Minkowski-Tensor $\eta^{\mu\nu}$ nach oben und vernachlässigen sämtliche Terme höherer Ordnungen in $h^{\mu\nu}$ und ϵ^μ und deren Produkte.
So erhalten wir schließlich:

$$-h'^{\mu\nu} = \epsilon^{\nu,\mu} + \epsilon^{\mu,\nu} - h^{\mu\nu}$$

$$\Rightarrow h'^{\mu\nu} = h^{\mu\nu} - \epsilon^{\mu,\nu} - \epsilon^{\nu,\mu}. \tag{10.8}$$

In derselben Näherung gilt auch:

$$h'_{\mu\nu} = h_{\mu\nu} - \epsilon_{\mu,\nu} - \epsilon_{\nu,\mu}. \tag{10.9}$$

Diese Transformation ist nun die zur Elektrodynamik analoge Eichtransformation. Unter der Transformation (10.6) bleibt die Form der linearisierten Feldgleichungen (10.5) erhalten und wir haben die Freiheit die vier Funktionen $\epsilon^\mu(x)$ nach Belieben zu wählen, solange $\epsilon^\mu(x)$ hinreichend klein ist. Insbesondere können wir ein sogenanntes harmonisches Koordinatensystem wählen, in dem $g^{\mu\nu}\Gamma^\lambda_{\mu\nu} = 0$ gilt. Setzen wir hier die Christoffel-Symbole (10.3) ein, so erhalten wir:

$$g^{\mu\nu}\frac{1}{2}\eta^{\lambda\rho}(h_{\rho\nu,\mu} + h_{\rho\mu,\nu} - h_{\mu\nu,\rho}) = 0$$

$$\Leftrightarrow \quad \eta^{\mu\nu}(h_{\lambda\nu,\mu} + h_{\lambda\mu,\nu} - h_{\mu\nu,\lambda}) = 0$$

$$\Leftrightarrow \quad \eta^{\mu\nu}(h_{\nu\lambda,\mu} + h_{\mu\lambda,\nu} - h_{\nu\mu,\lambda}) = 0$$

$$\Leftrightarrow \quad (h^\mu{}_{\lambda,\mu} + h^\nu{}_{\lambda,\nu} - h^\mu{}_{\mu,\lambda}) = 0$$

$$\Leftrightarrow \quad (h^\mu{}_{\nu,\mu} + h^\mu{}_{\nu,\mu} - h^\mu{}_{\mu,\nu}) = 0$$

$$\Leftrightarrow \quad 2h^\mu{}_{\nu,\mu} = h^\mu{}_{\mu,\nu}. \tag{10.10}$$

Diese Relationen nennen wir Eichbedingungen und setzen sie in die linke Seite der linearisierten Feldgleichungen (10.5) ein:

$$\left(-h^\lambda{}_{\mu,\nu,\lambda} - h^\lambda{}_{\nu,\lambda,\mu,} + \Box h_{\mu\nu} + h^\lambda{}_{\lambda,\mu,\nu}\right)$$

$$\overset{(10.10)}{=} \left(-\frac{1}{2}h^\lambda{}_{\lambda,\mu,\nu} - \frac{1}{2}h^\lambda{}_{\lambda,\nu,\mu} + \Box h_{\mu\nu} + h^\lambda{}_{\lambda,\mu,\nu}\right)$$

$$= \left(-\frac{1}{2}h^\lambda{}_{\lambda,\mu,\nu} - \frac{1}{2}h^\lambda{}_{\lambda,\mu,\nu} + \Box h_{\mu\nu} + h^\lambda{}_{\lambda,\mu,\nu}\right)$$

$$= \Box h_{\mu\nu}.$$

Dann erhalten wir die Feldgleichungen in der Form

$$\Box h_{\mu\nu} = -\frac{16\pi G}{c^4}\left(T_{\mu\nu} - \frac{T}{2}\eta_{\mu\nu}\right). \tag{10.11}$$

Diese Gleichungen haben dieselbe Form wie die Feldgleichungen der Elektrodynamik ($\Box A^\alpha = \frac{4\pi}{c} j^\alpha$), die durch eine entsprechende Eichung entkoppelt wurden.[2] Als Lösung der Gleichung können wir also die retardierten Potentiale

$$h_{\mu\nu}(\mathbf{r}, t) = -\frac{4G}{c^4} \int d^3\mathbf{r}' \frac{[T_{\mu\nu} - \frac{T}{2}\eta_{\mu\nu}]\,(\mathbf{r}', t - \frac{|\mathbf{r}-\mathbf{r}'|}{c})}{|\mathbf{r} - \mathbf{r}'|} \qquad (10.12)$$

angeben, wobei die runden Klammern in diesem Fall Abhängigkeiten symbolisieren sollen.

10.2 Ebene Wellen

Im quellfreien Raum ($T_{\mu\nu} = 0$) wird die linearisierte Feldgleichung (10.11) zu

$$\Box h_{\mu\nu} = 0. \qquad (10.13)$$

Die einfachsten Lösungen einer solchen Gleichung sind durch ebene Wellen gegeben. Dem Leser sind ebene Wellen aus der Elektrodynamik bekannt. Auf der linken Seite der Gleichung steht der d'Alembert-Operator. Gravitationswellen werden sich also mit Lichtgeschwindigkeit ausbreiten. Um den Zugang zu Gravitationswellen zu erleichtern, wiederholen wir, der Argumentationsstruktur von [FLI 12a, Kap. 32] folgend, die Diskussion von elektromagnetischen ebenen Wellen in Kürze. Anschließend führen wir die analogen Schritte zur Bestimmung ebener Gravitationswellen aus.

---

[2] Dazu kann [NOL 13c, 4.5] betrachtet werden.

Elektromagnetische Wellen

In der Elektrodynamik können wir eine Eichtransformation des Potentials A^α finden, die die physikalischen Felder $F^{\alpha\beta}$ nicht beeinflussen:

$$A^\alpha \longrightarrow A'^\alpha = A^\alpha + \partial^\alpha \chi. \tag{10.14}$$

Wir können dadurch eine Eichbedingung der Potential wählen, die die Feldgleichungen entkoppeln. Diese Eichbedingungen lauten

$$A^\alpha{}_{,\alpha} = 0. \tag{10.15}$$

Die entkoppelten Maxwell-Gleichungen lauten mit dieser Eichung dann:

$$\Box A^\alpha = \frac{4\pi}{c} j^\alpha. \tag{10.16}$$

Betrachten wir nun freie Felder ($j^\alpha = 0$), so ist eine weitere Eichtransformation zugelassen. Diese Transformation wird mit einem χ, welches die Wellengleichung erfüllt, durchgeführt. Die daraus folgende Eichfreiheit erlaubt uns $A^0 = 0$ festzulegen. Die erste Eichbedingung ist weiterhin erfüllt. So erhalten wir die zu lösenden Wellengleichungen

$$\Box A^\alpha = 0, \quad A^0 = 0, \quad A^i{}_{,i} = 0. \tag{10.17}$$

Von den sechs elektrischen und magnetischen Feldern gibt es nach den Eichungen nur zwei unabhängige Felder. Wir unterscheiden sie nach Polarisation. Die Wellengleichung wird mit $x^\beta = (ct, \mathbf{r})$ durch den Ansatz

$$A^\alpha = e^\alpha \exp(-ik_\beta x^\beta) + e^{\alpha*} \exp(ik_\beta x^\beta) \tag{10.18}$$

gelöst. Dabei müssen für den Wellenvektor $k^\beta = (\frac{\omega}{c}, \mathbf{k})$ und den Faktor e^α die zusätzlichen Bedingungen

$$k^\beta k_\beta = 0, \qquad k_\beta\, e^\beta = 0, \qquad e^\alpha = (0, \mathbf{e}), \qquad \mathbf{e} \cdot \mathbf{k} = 0 \qquad (10.19)$$

erfüllt sein. Die Lösung der ebenen Welle ist reellwertig, da die beiden Summanden in (10.18) zueinander komplex konjugiert sind.[3] Der Polarisationsvektor e^α gibt die Amplitude und die Schwingungsrichtung der Welle an.

Wir erleichtern uns die Diskussion nun, indem wir einen Spezialfall betrachten. Die ebene elektromagnetische Welle breite sich in die $x^3 = z$-Richtung aus. Wir diskutieren nun die Polarisation, die durch die Vierervektoren e^α beschrieben wird.

Es ergibt sich beim Einsetzen in (10.18):

$$\begin{aligned}
(A^\alpha) &= (0, e^1, e^2, 0)\ \exp(-ik_\beta x^\beta) + (0, e^{1*}, e^{2*}, 0)\ \exp(ik_\beta x^\beta)\\
&= (0, e^1, e^2, 0)\ \exp[-ik(x^3 - ct)]\\
&\quad + (0, e^{1*}, e^{2*}, 0)\ \exp[ik(x^3 - ct)],
\end{aligned} \qquad (10.20)$$

wobei k der Betrag des Wellenvektors $|\mathbf{k}|$ symbolisiert. Daraus resultieren zwei lineare Polarisationen, denn entweder wählen wir $e^1 = A$ und $e^2 = 0$ oder umgekehrt $e^1 = 0$ und $e^2 = A$.[4]

Wir können aus den beiden Polarisationsrichtungen durch Linearkombination eine zirkular-polarisierte Welle konstruieren:

$$A^\alpha_{zirk} = A(0, 1, \pm i, 0)\exp[ik(x^3 - ct)]. \qquad (10.21)$$

---

[3] Dies gilt allgemein für komplexe Zahlen [LP 13, Kap. 2.1].

[4] Detaillierte Beschreibungen linearer und zirkularer Polarisation von elektromagnetischen Wellen findet sich in [FLI 12b, Kap. 20].

Gravitationswellen

Nun übertragen wir die Argumentationsschritte der ebenen elektromagnetischen Wellen auf die linearisierten Feldgleichungen der Gravitation. Dabei müssen wir beachten, dass wir anstatt des Vierer-
potentials A^α nun den Tensor $h_{\mu\nu}$ mit 16 Komponenten betrachten
müssen. Wir haben bereits die Eichbedingungen für die linearisierten
Feldgleichungen (10.10) im Abschnitt 10.1 erarbeitet.

Das "Potential" $h_{\mu\nu}$ hat, da beide Indizes vier verschiedene Werte
annehmen können, 16 Komponenten. Die Tensoren $\eta_{\mu\nu}$ und $g_{\mu\nu}$
sind symmetrisch unter Vertauschung der Indizes (siehe Gleichungen
(3.14) und (4.12)). Also ist auch $h_{\mu\nu}$ symmetrisch, weshalb nur zehn
Komponenten voneinander unabhängig sind. Durch die Eichtransformationen wird das Potential weiter eingeschränkt. Die Zahl der
unabhängigen Komponenten von $h_{\mu\nu}$ als Lösung von $\Box h_{\mu\nu} = 0$ reduziert sich, wie wir sehen werden, auf zwei unabhängige Komponenten.

Geben wir zunächst analog zur elektromagnetischen Lösung (10.18)
die Lösung von $\Box h_{\mu\nu} = 0$ als lineare Superposition zweier e-
Funktionen an:

$$h_{\mu\nu} = e_{\mu\nu} \exp(-ik_\lambda x^\lambda) + e_{\mu\nu}^* \exp(ik_\lambda x^\lambda). \qquad (10.22)$$

Dabei müssen wir wegen des Tensorcharakters von $h_{\mu\nu}$ auch die Amplituden mit einem Tensor $e_{\mu\nu}$ beschreiben. Der Ansatz erfüllt die
Gleichung $\Box h_{\mu\nu} = 0$, falls die Bedingungen

$$\eta^{\lambda\kappa} k_\lambda k_\kappa = k^\lambda k_\lambda = 0 \qquad (10.23)$$

gelten. In diesem Fall erhalten wir:

$$\Box h_{\mu\nu} = \left(\frac{1}{c^2} \frac{\partial^2}{\partial t^2} - \Delta \right) h_{\mu\nu}$$

$$= (k_0^2 - k_i^2) h_{\mu\nu} \overset{!}{=} 0$$

$$\Rightarrow \ (k_0^2 - k_i^2) = k^\lambda k_\lambda = 0.$$

Die Lösung muss die Eichbedingung (10.10) für die harmonischen Koordinaten erfüllen. Leiten wir den Ansatz ab und verwenden die Abkürzung c.c., um einen zum vorherigen Ausdruck komplex konjugierten Term abzukürzen, erhalten wir:

$$h_{\mu\nu;\rho} = -ik_\rho e_{\mu\nu} \exp(-ik_\lambda x^\lambda) + c.c.$$

Nun setzen wir dies in die Eichbedingung (10.10) ein. Es folgt die Bedingung:

$$2h^\mu{}_{\nu,\mu} = h^\mu{}_{\mu,\nu}$$

$$\Leftrightarrow \qquad 2\eta^{\mu\rho} h_{\rho\nu,\mu} = \eta^{\mu\rho} h_{\rho\mu,\nu}$$

$$\Leftrightarrow 2(-ik_\mu \eta^{\mu\rho} e_{\rho\nu}) \exp(-ik_\lambda x^\lambda) = (-ik_\nu \eta^{\mu\rho} e_{\rho\mu}) \exp(-ik_\lambda x^\lambda)$$

$$\Leftrightarrow \qquad 2k_\mu e^\mu{}_\nu = k_\nu e^\mu{}_\mu. \qquad (10.24)$$

Wir bemerken außerdem, dass der Polarisationstensor symmetrisch ist, da $h_{\mu\nu}$ symmetrisch ist:

$$e_{\mu\nu} = e_{\nu\mu}. \qquad (10.25)$$

Der Analogie folgend, können wir nun eine zweite Einschränkung durch eine weitere Eichtransformation angeben. Wir wählen eine

Transformation mit $\epsilon^\mu(x)$, die selbst einer Wellengleichung genügt (analog zu χ in der obigen Diskussion):

$$e^\mu(x) = \delta^\mu \exp(-ik_\lambda x^\lambda) + \delta^{\mu*} \exp(ik_\lambda x^\lambda). \qquad (10.26)$$

Wir setzen weiter die transformierten Potentiale $h'_{\mu\nu}$ (10.9) in die Eichbedingung (10.10) ein:

$$2[h^\mu{}_\nu - \epsilon^\mu{},_\nu - \epsilon_\nu{}^{,\mu}]_{,\mu} = [h^\mu{}_\mu - \epsilon^\mu{},_\mu - \epsilon^\mu{},_\mu]_{,\nu}. \qquad (10.27)$$

Diese Bedingung vereinfachen wir, um zu erkennen, dass die vorherige Eichbedingung weiterhin erfüllt ist:

$$2h^\mu{}_{\nu,\mu} - 2\epsilon^\mu{},_{\nu,\mu} - 2\epsilon_\nu{}^{,\mu}{}_{,\mu} = h^\mu{}_{\mu,\nu} - \epsilon^\mu{},_{\mu,\nu} - \epsilon^\mu{},_{\mu,\nu}$$

$$\Leftrightarrow 2h^\mu{}_{\nu,\mu} - 2\epsilon^\mu{},_{\nu,\mu} - 2\epsilon_\nu{}^{,\mu}{}_{,\mu} = h^\mu{}_{\mu,\nu} - 2\epsilon^\mu{},_{\mu,\nu}$$

$$\Leftrightarrow 2h^\mu{}_{\nu,\mu} - 2\epsilon^\mu{},_{\nu,\mu} - 2\epsilon_\nu{}^{,\mu}{}_{,\mu} = h^\mu{}_{\mu,\nu} - 2\epsilon^\mu{},_{\nu,\mu}$$

$$\Leftrightarrow 2h^\mu{}_{\nu,\mu} - 2\epsilon_\nu{}^{,\mu}{}_{,\mu} = h^\mu{}_{\mu,\nu}$$

$$\Leftrightarrow 2h^\mu{}_{\nu,\mu} = h^\mu{}_{\mu,\nu}.$$

Im letzten Schritt wurde ausgenutzt, dass ϵ_ν eine Lösung der Wellengleichung ist und somit $2\epsilon_\nu{}^{,\mu}{}_{,\mu}$ Null wird. Die erste Eichbedingung ändert sich unter der Transformation (10.26) also nicht. Wir können die Amplituden δ^μ beliebig wählen (solange sie hinreichend kleine Abweichungen darstellen), um weitere Abhängigkeiten von $e_{\mu\nu}$ zu identifizieren. Wir schreiben nun die transformierten Potentiale $h'_{\mu\nu}$ (10.9) in Abhängigkeit von transformierten Amplituden $e'_{\mu\nu}$ auf:

$$h'_{\mu\nu} = e'_{\mu\nu} \exp(-ik_\lambda x^\lambda) + e'^*_{\mu\nu} \exp(ik_\lambda x^\lambda).$$

Durch einen Koeffizientenvergleich erhalten wir dann die Transformation der Amplituden:

$$h_{\mu\nu} - \epsilon_{\mu,\nu} - \epsilon_{\nu,\mu} = h_{\mu\nu}$$
$$= -[\delta_\mu \exp(-ik_\lambda x^\lambda) + c.c.]_{,\nu}$$
$$= -[\delta_\nu \exp(-ik_\lambda x^\lambda) + c.c.]_{,\mu}$$
$$= [e_{\mu\nu} \exp(-ik_\lambda x^\lambda) + c.c]$$
$$= +[ik_\nu \delta_\mu \exp(-ik_\lambda x^\lambda) + c.c.]$$
$$\quad + [ik_\mu \delta_\nu \exp(-ik_\lambda x^\lambda) + c.c.]$$
$$\Rightarrow \qquad e'_{\mu\nu} = e_{\mu\nu} + ik_\mu \delta_\nu + ik_\nu \delta_\mu. \qquad (10.28)$$

Der Argumentation der zuvor diskutierten Elektrodynamik folgend, betrachten wir nun eine Welle, die sich in $x^3 = z$-Richtung ausbreitet. Dann gilt für den Wellenvektor in Ausbreitungsrichtung wieder $k_1 = k_2 = 0$ und entsprechend $k_0 = -k_3 = k = \frac{\omega}{c}$. Also wird der Lösungsansatz zu:

$$h_{\mu\nu} = e_{\mu\nu} \exp[ik(x^3 - ct)] + e^*_{\mu\nu} \exp[-ik(x^3 - ct)]. \qquad (10.29)$$

Wir bestimmen die Komponenten des Polarisationstensors, indem wir nun in die Eichbedingung für $e_{\mu\nu}$ (10.24) unsere konkreten Werte der ebenen Welle in z-Richtung einsetzen:

$$2k_\mu \eta^{\mu\rho} e_{\rho 0} = k_0 \eta^{\mu\rho} e_{\rho\mu} \;\Rightarrow\; e_{00} + e_{30} = (e_{00} - e_{11} - e_{22} - e_{33})/2,$$

$$2k_\mu \eta^{\mu\rho} e_{\rho 1} = k_1 \eta^{\mu\rho} e_{\rho\mu} \;\Rightarrow\; e_{01} + e_{31} = 0,$$

$$2k_\mu \eta^{\mu\rho} e_{\rho 2} = k_2 \eta^{\mu\rho} e_{\rho\mu} \;\Rightarrow\; e_{02} + e_{32} = 0,$$

$$2k_\mu \eta^{\mu\rho} e_{\rho 3} = k_3 \eta^{\mu\rho} e_{\rho\mu} \;\Rightarrow\; e_{03} + e_{33} = -(e_{00} - e_{11} - e_{22} - e_{33})/2.$$

Lösen wir dieses Gleichungssystem unter Berücksichtigung der Symmetrie von $e_{\mu\nu}$, (10.25), erhalten wir sechs unabhängige Komponenten von $e_{\mu\nu}$ (siehe Anhang B.2.8):

$$e_{00}, \ e_{11}, \ e_{33}, \ e_{12}, \ e_{13}, \ e_{23}. \qquad (10.30)$$

Die übrigen Komponenten ergeben sich zu:

$$e_{01} = -e_{13}, \quad e_{02} = -e_{23}, \quad e_{03} = -\frac{e_{33} - e_{00}}{2}, \quad e_{22} = -e_{11}.$$
$$(10.31)$$

Gehen wir weiter mit der Transformation (10.28) für jede einzelne Kompenente der sich in z-Richtung ausbreitenden Welle und bestimmen die Transformation der einzelnen Komponenten. Wir verwenden dabei die Beziehungen $k_1 = k_2 = 0$ und $k_0 = -k_3 = k = \frac{\omega}{c}$ und erhalten:

$$e'_{11} = e_{11} + ik_1\delta_1 + ik_1\delta_1 = e_{11},$$

$$e'_{12} = e_{12} + ik_1\delta_2 + ik_2\delta_1 = e_{12},$$

$$e'_{13} = e_{13} - ik\delta_1,$$

$$e'_{23} = e_{23} - ik\delta_2,$$

$$e'_{33} = e_{33} - 2ik\delta_3,$$

$$e'_{00} = e_{00} + 2ik\delta_0.$$

Durch eine geeignete Wahl von δ^μ können wir nun alle Amplituden bis auf e'_{11} und e'_{12} eliminieren. Wir wählen dazu beispielsweise $\delta_1 = \frac{e_{13}}{ik}$. Dann erhalten wir $e'_{\mu\nu} = e_{\mu\nu}$.

Der Tensor in der TT-Eichung[5] ist somit durch

$$e_{\mu\nu} = \begin{pmatrix} 0 & 0 & 0 & 0 \\ 0 & e_{11} & e_{12} & 0 \\ 0 & e_{12} & -e_{11} & 0 \\ 0 & 0 & 0 & 0 \end{pmatrix} \tag{10.32}$$

gegeben. Physikalisch relevant sind also nur die Amplituden e_{11} und e_{12}. Wir teilen diese Amplituden in eine Linearkombination aus zwei Polarisationen

$$e_{\mu\nu}^{+} = \begin{pmatrix} 0 & 0 & 0 & 0 \\ 0 & 1 & 0 & 0 \\ 0 & 0 & -1 & 0 \\ 0 & 0 & 0 & 0 \end{pmatrix} \quad \text{und} \quad e_{\mu\nu}^{\times} = \begin{pmatrix} 0 & 0 & 0 & 0 \\ 0 & 0 & 1 & 0 \\ 0 & 1 & 0 & 0 \\ 0 & 0 & 0 & 0 \end{pmatrix} \tag{10.33}$$

auf. Die Lösung der linearisierten Feldgleichungen ist als Superposition gegeben:

$$h_{\mu\nu} = \begin{pmatrix} 0 & 0 & 0 & 0 \\ 0 & e_{11} & e_{12} & 0 \\ 0 & e_{12} & -e_{11} & 0 \\ 0 & 0 & 0 & 0 \end{pmatrix} \exp(-ik_\lambda x^\lambda)$$

$$+ \begin{pmatrix} 0 & 0 & 0 & 0 \\ 0 & e_{11}^* & e_{12}^* & 0 \\ 0 & e_{12}^* & -e_{11}^* & 0 \\ 0 & 0 & 0 & 0 \end{pmatrix} \exp(ik_\lambda x^\lambda). \tag{10.34}$$

Selbstverständlich hätte die Argumentation auch funktioniert, wenn

---

[5] Aus dem Englischen für transverse-traceless.

wir uns nicht auf die z-Richtung festgelegt hätten.

Zum Schluss dieses Abschnittes verifizieren wir die obige Behauptung. Aus den 16 Komponenten von $e_{\mu\nu}$ konnten wir aus Symmetriegründen zehn unabhängige ausmachen. Durch die erste Eichbedingung haben wir mit den vier Bedingungen die unabhängigen Komponenten auf $10 - 4 = 6$ reduziert. Die zweite Wahl der Amplituden δ reduzierte die Anzahl um vier weitere.

10.3 Die Quantisierung der Gravitationstheorie

Die Elektrodynamik als klassische Feldtheorie lässt sich in eine quantisierte Theorie übertragen. Dies ist auch notwendig, da es Experimente gibt, die im Rahmen der klassischen Theorie nicht korrekt beschrieben werden können.[6] In der Erforschung der Gravitation sind bisher noch keine Experimente aufgetaucht, in denen eine Quantisierung eine Rolle spielen würde. Trotzdem ist die Frage nach einer quantisierten Feldtheorie der Gravitation von theoretischer Bedeutung [PAI 09, Kap. 2].

Die große Schwierigkeit bei der Quantisierung basiert auf der Nicht-Linearität der Feldgleichungen. Außerdem treten Probleme mit nicht-physikalischen Freiheitsgraden auf [FLI 12a, Kap. 22].

Die Frage der Quantisierung vereinfacht sich allerdings, wenn wir die linearisierten Feldgleichungen betrachten. Da wir hier Lösungen analog zur Elektrodynamik gefunden haben, gehen wir auch bei der Suche nach einem potentiellen Graviton analog zum Photon vor.

Aus der Wellengleichung für ebene Wellen folgt, dass das Photon

---

[6] Beispielsweise der Photoeffekt oder die Compton-Streuung [MES 15, Kap. 14].

keine Masse hat. Der Grund liegt in der Bedingung

$$k^\beta k_\beta = 0.$$

Setzen wir die quantisierte Energie ($E = \hbar\omega$) und den quantisierten Impuls ($\mathbf{p} = \hbar\mathbf{k}$) ein, erhalten wir

$$0 \overset{!}{=} k^\beta k_\beta = \frac{\omega^2}{c^2} - k^2 = \frac{E^2}{\hbar^2 c^2} - \frac{\mathbf{p}^2}{\hbar^2} \Rightarrow E^2 = c^2\mathbf{p}^2.$$

Andererseits gilt nach der relativistischen Energie-Impuls-Beziehung [GOE 96, Kap 4.2]:

$$E^2 = m^2 c^4 + c^2\mathbf{p}^2.$$

Das Photon ist also ein Teilchen der Masse Null. Dieselbe Argumentation kann auf potentielle Gravitonen angewendet werden, sodass auch das Graviton in der linearisierten Theorie keine Masse haben sollte. Ein weiteres Merkmal eines Quants ist der Spin.[7] Ohne auf die tiefergehende Diskussion einzugehen, wollen wir die grobe Argumentation kurz nachvollziehen.

Der Betrag des Spins ist eine intrinsische Eigenschaft des Teilchens. Lediglich die Richtung des Spinvektors ist variabel [FLI 12a, Kap. 32]. Da die Spinprojektion des Teilchens der Polarisation der Welle entspricht, kann das Graviton, so wie das Photon, nur zwei Spineinstellungen besitzen. Der Zusammenhang mit dem Spin wird am Transformationsverhalten einer polarisierten Welle unter Drehung deutlich. Allgemein transformiert sich eine ebene Welle bei Drehung um den

---

[7] Ryder weist darauf hin, dass die hier geführte Argumentation fehlerhaft ist. Er verweist auf [WIG 39]. Eigentlich ist der Spin für die von uns betrachteten Teilchen anders definiert. Eine korrekte Darstellung ist in [SCH 13c, Kap. 1.3] zufinden.

Wellenvektor **k** mit

$$\Psi' = \exp(iH\phi)\Psi. \tag{10.35}$$

Dies wird mit Helizität H bezeichnet. Die maximale Helizität gibt bei der Übertragung in eine quantisierte Theorie den Spin des Teilchens an.

Bei zirkularpolarisierten elektromagnetischen Wellen ist folgendes Transformationsverhalten zu beobachten:

$$A^{\alpha}_{zirk} \xrightarrow{\text{Drehung}} \exp(\pm i\phi)A^{\alpha}_{zirk}. \tag{10.36}$$

Daraus folgt, dass Photonen Spin-1-Teilchen sind. Betrachten wir nun das Verhalten von $h_{\mu\nu}$ unter Drehung bzgl. der z-Achse: Die Komponenten transformieren zu

$$e'_{\mu\nu} = \lambda_\mu{}^\rho \, \lambda_\nu{}^\sigma \, e_{\rho\sigma}, \tag{10.37}$$

mit

$$\lambda_\nu{}^\mu = \begin{pmatrix} 1 & 0 & 0 & 0 \\ 0 & \cos\phi & \sin\phi & 0 \\ 0 & -\sin\phi & \cos\phi & 0 \\ 0 & 0 & 0 & 1 \end{pmatrix}.$$

Anstatt der sechs Amplituden (10.30)

$$e_{00}, \; e_{11}, \; e_{33}, \; e_{12}, \; e_{13}, \; e_{23}$$

dürfen wir auch die dazu äquivalenten Amplituden

$$e_{00}, \; e_{33}, \; f_\pm = e_{13} \pm i e_{23}, \; e_\pm = e_{11} \pm i e_{12} \tag{10.38}$$

angeben. Diese Amplituden transformieren wir nun mit (10.37):

$$e'_{00} = e_{00}, \quad e'_{33} = e_{33}, \quad f'_{\pm} = \exp(\pm i\phi)f_{\pm}, \quad e'_{\pm} = \exp(\pm 2i\phi)e_{\pm}.$$
(10.39)

Potentielle Gravitonen sind also Spin-2-Teilchen. Die Spineinstellungen $H = 0$ und $H = \pm 1$ können durch eine geeignete Koordinatentransformation wegtransformiert werden, ähnlich der Komponenten e'_{13}. Die Helizität $H = \pm 2$ hingegen ist die physikalische Polarisation der Welle und weist dem Teilchen deshalb den physikalischen Zustand zu. Ein potentielles Graviton kann also nur zwei Spineinstellungen haben. Eine exakte Diskussion geht, wie bereits angedeutet, über den Rahmen dieser Arbeit hinaus.

10.4 Der Effekt einer ebenen Gravitationswelle auf freie Teilchen

Wie lassen sich die in Abschnitt 10.2 aufgestellten ebenen Gravitationswellen interpretieren? Die Lösungen $h_{\mu\nu}$ sind zeitabhängige Störungen der Metrik, die sich mit Lichtgeschwindigkeit ausbreiten. Bevor wir uns der Frage nach der Wirkung der Welle auf Materieteilchen widmen, zeigen wir noch, dass die von uns aufgestellte Gravitationswelle wirklich einen Krümmungstensor mit nicht verschwindenden Komponenten erzeugt. Diese Argumentation ist an [SCHR 11, Kap. 10.3] orientiert.

Den Krümmungstensor erhalten wir in der linearen Näherung aus den zweiten Ableitungen von $h_{\mu\nu}$. Für eine ebene Welle gilt:

$$h_{\mu\nu,\alpha,\beta} = -k_{\alpha}k_{\beta}h_{\mu\nu}.$$
(10.40)

Mithilfe der Christoffel-Symbole in linearer Näherung, (10.3), und unter Vernachlässigung der Terme, in denen die Christoffel-Symbole quadratisch auftauchen, erhalten wir:

$$R_{\alpha\mu\nu\beta} \approx \frac{1}{2}(g_{\alpha\nu,\mu,\beta} + g_{\mu\beta,\alpha,\nu} - g_{\mu\nu,\alpha,\beta} - g_{\alpha\beta,\mu,\nu})$$
$$- g_{\rho\sigma}(\Gamma^{\rho}{}_{\alpha\beta}\Gamma^{\sigma}{}_{\mu\nu} + \Gamma^{\rho}{}_{\alpha\nu}\Gamma^{\sigma}{}_{\mu\beta})$$
$$\approx \frac{1}{2}(h_{\alpha\nu,\mu,\beta} + h_{\mu\beta,\nu,\alpha} - h_{\mu\nu,\beta,\alpha} - h_{\alpha\beta,\mu,\nu}). \qquad (10.41)$$

Hier setzen wir nun das Potential der Welle $h_{\mu\nu}$ ein. Zur Erinnerung: Der Tensor $h_{\mu\nu}$ besitzt nur vier Komponenten ungleich Null. Die R_{m0n0}-Komponenten des Krümmungstensors ist für $m, n = 1, 2$ aber

$$R_{m0n0} = \frac{1}{2}\frac{d^2 h_{mn}}{c^2 dt^2} \neq 0.$$

Freie Teilchen im Feld der Welle

Was passiert nun, wenn eine solche ebene Gravitationswelle auf massive Teilchen trifft? Betrachten wir den Effekt auf ein freies Teilchen. Die Bewegung im Gravitationsfeld wird durch die Geodätengleichung

$$\frac{d^2 x^{\sigma}}{d\tau^2} = -\Gamma^{\sigma}{}_{\mu\nu}\dot{x}^{\mu}\dot{x}^{\nu}$$

beschrieben. Das Teilchen, welches wir betrachten wollen, sei anfangs in Ruhe ($\frac{dx^0}{d\tau} = c$, $\frac{dx^i}{d\tau} = 0$). Mit der diskutierten Eichung der Gravitationswelle sind von $h_{\mu\nu}$ nur die Komponenten $h_{11}, h_{12}, h_{21}, h_{22}$ von Null verschieden. Wir beginnen unsere Argumentation mit dem Polarisationstyp e^{+}. Relevant sind also nur Terme mit Index 1 und 2.

Schauen wir uns an, was die anfängliche Ruhe für die Christoffel-Symbole $\Gamma^i{}_{00}$ bedeutet:

$$\Gamma^\sigma{}_{\mu\nu} \overset{(10.3)}{=} \frac{\eta^{\sigma\lambda}}{2}\left(h_{\nu\lambda,\mu} + h_{\mu\lambda,\nu} - h_{\mu\nu,\lambda}\right) + \mathcal{O}(h^2)$$

$$\Rightarrow \Gamma^i{}_{00} = -\frac{1}{2}\left(h_{0i,0} + h_{0i,0} - h_{00,i}\right) = 0. \tag{10.42}$$

Mit dieser Erkenntnis können wir die Geodätengleichung weiter vereinfachen. Die Geschwindigkeit $\dot{x}^\mu$ hat nur in der 0-Komponente einen Beitrag. Deshalb folgt:

$$\left(\frac{d^2 x^i}{d\tau^2}\right)_{\tau=0} = -\Gamma^i{}_{\mu\nu}\dot{x}^\mu(0)\dot{x}^\nu(0) \overset{(\text{Ruhe})}{=} -\Gamma^i{}_{00}\dot{x}^0(0)\dot{x}^0(0) = 0. \tag{10.43}$$

Die Beschleunigung wird also Null. Daraus können wir folgern, dass die Geschwindigkeit im nächsten Moment auch verschwinden wird. Die Geodätengleichung wird also durch konstante räumliche Koordinaten

$$x^0 = ct, \qquad x^m = const.$$

gelöst.

Die Koordinaten eines anfangs ruhenden Teilchens verändern sich durch eine Gravitationswelle also nicht. Trotzdem gibt es einen Effekt, denn der metrische Tensor $g_{\mu\nu} = \eta_{\mu\nu} + h_{\mu\nu}$ ist zeitabhängig. Wir werden nun sehen, dass daraus eine relative Bewegung von massiven Testteilchen resultiert.

Wir müssen dazu den Relativabstand zweier Teilchen betrachten. Um konkret zu werden, setzen wir zwei Testteilchen auf die x-Achse in $x = a$ und $x = -a$. Die Lösung der Geodätengleichung sagt uns, dass das Koordinatenintervall konstant $\Delta x = 2a$ beträgt.

Den physikalischen Abstand müssen wir allerdings mit dem Wegelement bestimmen. Wir untersuchen im Folgenden nur den räumlichen Abstand dl^2. In der von uns betrachteten Eichung ist dieser durch

$$dl^2 = -(\eta_{mn} + h_{mn})dx^m dx^n$$
$$= (1 - h_{11})dx^2 + (1 + h_{11})dy^2 + dz^2 - 2h_{12}dxdy \qquad (10.44)$$

gegeben. Der physikalische Abstand im Beispiel Δl_x kann demnach mit

$$\Delta l_x^2 = (1 - h_{11})(2a)^2 \Rightarrow \Delta l_x \approx (1 - \frac{h_{11}}{2})(2a) \qquad (10.45)$$

bestimmt werden. Wir gehen von kleinen Änderungen aus, sodass beim Anwenden der Wurzel eine Taylornäherung zulässig ist. Die Gravitationswelle breitet sich in z-Richtung aus und wir betrachten den Polarisationtyp e^+. Dann ist

$$h_{11} = e_{11}\cos(\omega t - kz).$$

Wir betrachten nur die Abstände in x- (bzw. später in y-) Richtung, sodass wir Ablenkungen in z-Richtung ignorieren. Eingesetzt in den physikalischen Abstand ergibt sich

$$\Delta l_x = \left[1 - \frac{e_{11}}{2}\cos(\omega t)\right](2a). \qquad (10.46)$$

Die Gravitationswelle bewirkt also eine Oszillation des Abstandes. Mit derselben Argumentation erhalten wir in y-Richtung für zwei

Teilchen auf der y-Achse:

$$\Delta l_y = \left[1 + \frac{e_{11}}{2}\cos(\omega t)\right] (2a). \tag{10.47}$$

Das unterschiedliche Vorzeichen kommt durch das Vorzeichen der Komponenten $h_{11} = -h_{22}$ zustande. Zur Veranschaulichung platzieren wir mehrere freie Teilchen auf einem Ring in der xy-Ebene angeordnet. In Abbildung 10.1 ist dargestellt, wie sich die Abstände durch die Gravitationswelle verändern.

Abbildung 10.1: Deformation eines Ringes von Probeteilchen im Feld einer ebenen Gravitationswelle der Polarisation e^+ (nach [RYD 09, Kap. 9.1]). Die Bilder zeigen von links nach rechts die Abstände der Teilchen zu fortschreitenden Zeitpunkten.

Um den anderen Polarisationstyp $e^\times$ zu diskutieren, drehen wir unser Koordinatensystem um $45°$. So wird das räumliche Wegelement

$$dl^2 = dx^2 + 2h_{12}dxdy + dy^2 + dz^2 \text{ zu } dl^2$$
$$= (1 + h_{12})d\tilde{x}^2 + (1 - h_{12})d\tilde{y}^2 + dz^2.$$

Für das gedrehte Koordinatensystem gilt nämlich:

$$d\tilde{x} = \frac{1}{\sqrt{2}}(dx + dy), \quad d\tilde{y} = \frac{1}{\sqrt{2}}(-dx + dy).$$

Nun können wir analog zum anderen Polarisationstyp verfahren und erkennen somit, dass der einzige Unterschied eine Rotation um 45° ist. Auch diese Schwingung des Abstandes halten wir in Abbildung 10.2 fest. Die Energie, die pro Zeit und Fläche mit der Gravitationswelle

Abbildung 10.2: Deformation eines Ringes von Probeteilchen im Feld einer ebenen Gravitationswelle der Polarisation $e^{\times}$ (nach [RYD 09, Kap. 9.1]).

in Richtung des Wellenvektors **k** transportiert wird, kann mit der Energiestromdichte bestimmt werden [FLI 12a, S. 193]. Im Spezialfall unserer Welle in z-Richtung erhalten wir mit der Wellenamplitude h:

$$\Phi_{GW} = \frac{c^3}{8\pi G}\omega^2 h^2. \tag{10.48}$$

10.5 Abgestrahlte Leistung einer oszillierenden Massenverteilung

In diesem Abschnitt beschäftigen wir uns mit der Erzeugung von Gravitationswellen. Anschließend können wir klären, welche Quellen Gravitationswellen aussenden können. Uns interessiert zunächst die abgestrahlte Leistung einer Gravitationswelle. Die Diskussion erfolgt mit einer Multipolentwicklung.

Im Kapitel der Schwarzschild-Lösung (Kapitel 8) haben wir bemerkt, dass eine radial pulsierende Massenverteilung der statischen Schwarzschild-Lösung entspricht (Birkhoff-Theorem). Ein Monopol strahlt deshalb keine Gravitationswelle ab.

Da es, anders als in der Elektrodynamik, keine positiven und negativen Massendichten gibt, strahlt ein Dipol ebenfalls keine Gravitationswellen ab. Das elektrische Dipolmoment, zum Beispiel zweier Punktladungen $+q$ und $-q$ ist $\mathbf{p}=q\mathbf{r}_{12}$. Es kann durch keine Koordinatentransformation eliminiert werden. Für eine oszillierende Massenverteilung ist das Dipolmoment gleich dem Produkt aus Masse und Abstand. Durch die Wahl eines speziellen Koordinatensystems kann die Schwerpunktkoordinate so gewählt werden, dass der Abstand Null wird. Trotzdem hilft uns die Analogiebetrachtung zur Elektrodynamik bei der Bestimmung der abgestrahlten Leistung. Wir starten deshalb mit der Herleitung der Dipolstrahlung von einer oszillierenden Ladungsverteilung und übertragen die Argumentation anschließend auf die Strahlung von oszillierenden Massenverteilungen.

Dipolstrahlung in der Elektrodynamik

Wir betrachten eine periodisch oszillierende, räumlich begrenzte Ladungsverteilung. Diese Diskussion basiert auf [FLI 12b, Kap. 24]. Die

Stromdichte der Ladungsverteilung,

$$j_\alpha(\mathbf{r}, t) = Re[j_\alpha(\mathbf{r})\ \exp(-i\omega t)], \qquad (10.49)$$

setzen wir in die Lösung der Feldgleichung ein. Diese Lösung ist die von uns bereits vorher diskutierte Lösung der retardierten Potentiale:

$$\begin{aligned}
A_\alpha(\mathbf{r}, t) &= \frac{1}{c} \int d^3 r'\ \frac{j_\alpha(\mathbf{r}', t - |\mathbf{r} - \mathbf{r}'|/c)}{|\mathbf{r} - \mathbf{r}'|} \\
&= \frac{1}{c} \exp(-i\omega t) \int d^3 r' j_\alpha(\mathbf{r}')\ \frac{\exp(ik|\mathbf{r} - \mathbf{r}'|)}{|\mathbf{r} - \mathbf{r}'|} \\
&= A_\alpha(\mathbf{r})\ \exp(-i\omega t). \qquad (10.50)
\end{aligned}$$

Die Frequenz ω, mit der die Ladungsverteilung oszilliert, ist dieselbe, mit der auch die Potentiale oszillieren. Wir betrachten das abgestrahlte Feld aus einem großen Abstand am Ort $\mathbf{r} = r\mathbf{e}_r$, sodass wir $|\mathbf{r} - \mathbf{r}'|$ und $\exp(ik|\mathbf{r} - \mathbf{r}'|)$ mit einer Taylornäherung in erster Ordnung annähern dürfen:

$$|\mathbf{r} - \mathbf{r}'| \approx r - \frac{\mathbf{r} \cdot \mathbf{r}'}{r} = r \left[1 + \mathcal{O}\left(\frac{r'}{r}\right) \right]$$

$$\Rightarrow \exp(ik|\mathbf{r} - \mathbf{r}'|) \approx \exp(ikr) \exp(-i\mathbf{k} \cdot \mathbf{r}') \left[1 + \mathcal{O}\left(\frac{r'}{r}\right) \right],$$

wobei wir $\mathbf{k} = k\mathbf{e}_r$ definiert haben. Mit dieser Näherung können wir den Ortsanteil $A_\alpha(\mathbf{r})$ approximieren:

$$\begin{aligned}
A_\alpha(\mathbf{r}) &= \frac{1}{c} \int d^3 r' j_\alpha(\mathbf{r'})\ \frac{\exp(-ik|\mathbf{r} - \mathbf{r}'|)}{|\mathbf{r} - \mathbf{r}'|} \\
&\approx \frac{\exp(ikr)}{cr} \int d^3 r' j_\alpha(\mathbf{r}') \exp(-i\mathbf{k} \cdot \mathbf{r}'). \qquad (10.51)
\end{aligned}$$

Die nächste Approximation, die uns die Berechnung der Dipolstrahlung erleichtert, ist die sogenannte Langwellennäherung in den räumlichen Komponenten des Vektorpotentials $\mathbf{A}$. Sie ist zulässig, falls die Wellenlänge viel größer als die Ausdehnung der betrachteten Ladungsverteilung ist. Wir approximieren die Exponentialfunktion durch eine Taylorentwicklung in erster Ordnung und erhalten:

$$\mathbf{A}(\mathbf{r}) \approx \frac{\exp(ikr)}{cr} \int d^3r' \mathbf{j}(\mathbf{r}')(1 - i\mathbf{k} \cdot \mathbf{r}' + \cdots) \approx \frac{\exp(ikr)}{cr} \int d^3r' \mathbf{j}(\mathbf{r}').$$
(10.52)

Als letzten Schritt der Vereinfachung führen wir das Dipolmoment $\mathbf{p}$ ein:[8]

$$\int d^3r' \mathbf{j}(\mathbf{r}') = -\int d^3r' \mathbf{x}' \nabla \cdot \mathbf{j} = -\int d^3r' \mathbf{x}' \, i\omega\rho_e(\mathbf{r}) := -i\omega\mathbf{p}.$$
(10.53)

Die räumlichen Komponenten sind dann durch

$$\mathbf{A}(\mathbf{r}) = -ik\mathbf{p}\frac{\exp(ikr)}{r}$$
(10.54)

gegeben. Es sei angemerkt, dass $\mathbf{p}$ ein komplexer Vektor ist.

Die Felder $\mathbf{E}$ und $\mathbf{B}$ sind abhängig von diesen Vektorpotentialen $\mathbf{A}$. Wir folgern:

$$\mathbf{B}(\mathbf{r}) = \nabla \times \mathbf{A}(\mathbf{r}) = k^2(\mathbf{e}_r \times \mathbf{p})\frac{\exp(ikr)}{r},$$
(10.55)

$$\mathbf{E}(\mathbf{r}) = \frac{i}{k}\nabla \times \mathbf{B}(\mathbf{r}) = k^2(\mathbf{e}_r \times \mathbf{p}) \times \mathbf{e}_r\frac{\exp(ikr)}{r}.$$
(10.56)

Hier verwenden wir wieder, dass die Ladungsverteilung von Weitem

---

[8] Die Ersetzung $\nabla \cdot \mathbf{j} = i\omega\rho_e(\mathbf{r})$ folgt aus der Kontinuitätsgleichung für oszillierende Größen.

betrachtet wird. Dadurch können wir die auf $\frac{1}{r}$ wirkende Ableitung vernachlässigen und erhalten:

$$\frac{d}{dr}\frac{\exp(ikr)}{r} = \left(ik - \frac{1}{r}\right)\frac{\exp(ikr)}{r} \approx ik\frac{\exp(ikr)}{r}. \tag{10.57}$$

Nun sind wir gerüstet den Energiestrom pro Fläche zu bestimmen. Er ist durch den zeitlichen Mittelwert des Poyntingvektors $\mathbf{S}$ gegeben:

$$dP = \langle \mathbf{S} \rangle \cdot \mathbf{e}_r r^2 d\Omega = \frac{cr^2}{4\pi}\mathbf{e}_r \cdot \langle \mathbf{E} \times \mathbf{B}\rangle d\Omega \tag{10.58}$$

$$= \frac{cr^2}{8\pi}\mathbf{e}_r \cdot Re\left[\mathbf{E}(\mathbf{r}) \times \mathbf{B}^*(\mathbf{r})\right] d\Omega. \tag{10.59}$$

Für die zeitliche Mittelung des Poyntingvektors haben wir verwendet, dass die oszillierenden Anteile wegfallen.[9]

Wir setzen die $\mathbf{E}$- und $\mathbf{B}$-Felder aus (10.55) und (10.56) ein:

$$dP = d\Omega \; \frac{cr^2}{8\pi}\mathbf{e}_r\cdot$$

$$Re\left[\left(k^2(\mathbf{e}_r \times \mathbf{p}) \times \mathbf{e}_r \frac{\exp(ikr)}{r}\right) \times \left(k^2(\mathbf{e}_r \times \mathbf{p})\frac{\exp(ikr)}{r}\right)^*\right]$$

$$= \frac{cr^2}{8\pi}\frac{1}{r^2}\mathbf{e}_r \cdot \left[k^2(\mathbf{e}_r \times \mathbf{p}) \times \mathbf{e}_r) \times k^2(\mathbf{e}_r \times \mathbf{p}^*)\right]d\Omega$$

$$= \frac{\omega^4}{8\pi c^3}\mathbf{e}_r \cdot \left[((\mathbf{e}_r \times \mathbf{p}) \times \mathbf{e}_r) \times (\mathbf{e}_r \times \mathbf{p}^*)\right]d\Omega.$$

Ein Spatprodukt ist invariant unter zyklischer Permutation, sodass

---

[9] In [FLI 12b, Kap.20] wird zudem gezeigt, dass für $a(t) = a_0\exp(-iwt)$ und $b(t) = b_0\exp(-iwt)$ bei der zeitlichen Mittelung gilt: $\langle a(t)b(t)\rangle = \frac{1}{2}Re(a\,b^*)$.

wir die Gleichung wie folgt umschreiben dürfen:

$$dP = \frac{\omega^4}{8\pi c^3}[(\mathbf{e}_r \times \mathbf{p}) \times \mathbf{e}_r] \cdot [(\mathbf{e}_r \times \mathbf{p}^*) \times \mathbf{e}_r] \, d\Omega$$

$$= \frac{\omega^4}{8\pi c^3}\{(\mathbf{e}_r \times \mathbf{p}) \cdot (\mathbf{e}_r \times \mathbf{p}^*)](\mathbf{e}_r \cdot \mathbf{e}_r)$$

$$- [(\mathbf{e}_r \times \mathbf{p}) \cdot \mathbf{e}_r][(\mathbf{e}_r \times \mathbf{p}^*) \cdot \mathbf{e}_r]\} d\Omega$$

$$= \frac{\omega^4}{8\pi c^3}\{(\mathbf{e}_r \times \mathbf{p}) \cdot (\mathbf{e}_r \times \mathbf{p}^*)](\mathbf{e}_r \cdot \mathbf{e}_r)$$

$$- [(\mathbf{e}_r \times \mathbf{e}_r) \cdot \mathbf{p}][(\mathbf{e}_r \times \mathbf{e}_r) \cdot \mathbf{p}^*]\} d\Omega$$

$$= \frac{\omega^4}{8\pi c^3}(\mathbf{e}_r \times \mathbf{p}) \cdot (\mathbf{e}_r \times \mathbf{p}^*) d\Omega$$

$$= \frac{\omega^4}{8\pi c^3}\left[(\mathbf{e}_r \cdot \mathbf{e}_r)(\mathbf{p} \cdot \mathbf{p}^*) - (\mathbf{e}_r \cdot \mathbf{p}^*)(\mathbf{e}_r \cdot \mathbf{p})\right] d\Omega$$

$$= \frac{\omega^4}{8\pi c^3}\left(|\mathbf{p}|^2 - |\mathbf{e}_r \cdot \mathbf{p}|^2\right) d\Omega. \tag{10.60}$$

Der Winkel zwischen $\mathbf{e}_r$ und $\mathbf{p}$ sei θ. Haben nun alle Komponenten des Vektors $\mathbf{p}$ dieselbe Phase δ, so erhalten wir durch Einsetzen:

$$|\mathbf{p}|^2 - |\mathbf{e}_r \cdot \mathbf{p}|^2 = |\mathbf{p}|^2 - |\mathbf{p}|^2 \cos^2 \theta$$

$$= |\mathbf{p}|^2(1 - \cos^2 \theta)$$

$$= |\mathbf{p}|^2 \sin^2 \theta.$$

Dieses Ergebnis setzen wir in (10.60) ein:

$$dP = \frac{\omega^4}{8\pi c^3}|\mathbf{p}|^2 \sin^2 \theta d\Omega. \tag{10.61}$$

Integrieren wir nun über den gesamten Raum, erhalten wir die abgestrahlte Leistung:

$$\int dP = \int_0^{2\pi} d\phi \int_0^{\pi} \sin\theta \, d\theta \, \frac{\omega^4}{2\pi c^3} |\mathbf{p}|^2 \, \sin^2\theta$$

$$P = \frac{\omega^4}{2\pi c^3} |\mathbf{p}|^2 \int_0^{2\pi} d\phi \int_0^{\pi} d\theta \, \sin^3\theta$$

$$= \frac{\omega^4}{2\pi c^3} |\mathbf{p}|^2 \cdot 2\pi \cdot \frac{4}{3}$$

$$= \frac{4\omega^4}{3c^3} |\mathbf{p}|^2. \tag{10.62}$$

Quadrupolstrahlung einer Massenverteilung

Nun übertragen wir die Betrachtung einer oszillierenden Ladungsverteilung auf eine oszillierende Massenverteilung und verwenden, sofern es möglich ist, eine analoge Bezeichnung. Wie bereits angedeutet, gibt es jedoch keine Dipolstrahlung. Die Berechnung wird zusätzlich komplizierter, da die Quellterme $T_{\mu\nu}$ nun Tensoren zweiter Stufe sind.

Als ersten Schritt drücken wir die periodisch oszillierende, räumlich begrenzte Massenverteilung durch den Energie-Impuls-Tensor aus:

$$T_{\mu\nu}(\mathbf{r}, t) = T_{\mu\nu}(\mathbf{r}) \exp(-i\omega t) + T_{\mu\nu}^*(\mathbf{r}) \exp(i\omega t). \tag{10.63}$$

Wir verfahren wie in (10.50) und setzen (10.63) in die Lösung der retardierten Potentiale ein. Die Summe der Energie-Impuls-Tensor-Terme kürzen wir mit $S_{\mu\nu}$ ab:

$$h_{\mu\nu}(\mathbf{r}, t) = -\frac{4G}{c^4} \exp(-i\omega t) \int d^3r' S_{\mu\nu}(\mathbf{r}') \frac{\exp(ik|\mathbf{r} - \mathbf{r}'|)}{|\mathbf{r} - \mathbf{r}'|} + c.c. \tag{10.64}$$

Bei der Betrachtung der Dipolstrahlung folgt nun eine Näherung, die

durch die Betrachtung in einem entfernten Punkt begründet ist. Für
die Gravitationswelle erhalten wir bei einer solchen Näherung von
$|\mathbf{r} - \mathbf{r}'|$

$$h_{\mu\nu}(\mathbf{r}, t) \approx -\frac{4G}{c^4} \frac{\exp(-ik_\lambda x^\lambda)}{r} \int d^3r' S_{\mu\nu}(\mathbf{r}') \exp(-i\mathbf{k} \cdot \mathbf{r}') + c.c.$$
(10.65)

Wir haben den Viererwellenvektor k^λ als $(\omega/c, \mathbf{k})$ mit $\mathbf{k} = k_0 \mathbf{e}_r$ verwendet. Das Integral in $h_{\mu\nu}(\mathbf{r}, t)$ entspricht der Fouriertransformier-
ten von $S_{\mu\nu}$.[10] Es ist also legitim die Fouriertransformierte $S_{\mu\nu}(\mathbf{k})$ zu
betrachten. Wir führen zusätzlich noch die Amplituden $e_{\mu\nu}(\mathbf{r}, \omega)$ ein:

$$h_{\mu\nu}(\mathbf{r}, t) \approx -\frac{4G}{c^4} \frac{\exp(-ik_\lambda x^\lambda)}{r} S_{\mu\nu}(\mathbf{k}) + c.c.$$
$$= e_{\mu\nu}(\mathbf{r}, \omega) \exp(-ik_\lambda x^\lambda) + c.c.$$
(10.66)

Die Amplitude $e_{\mu\nu}(\mathbf{r}, \omega)$ ist also durch

$$e_{\mu\nu}(\mathbf{r}, \omega) = -\frac{4G}{c^4 r} S_{\mu\nu}(\mathbf{k}) = -\frac{4G}{c^4 r} \left(T_{\mu\nu}(\mathbf{k}) - \frac{T(\mathbf{k})}{2} \eta_{\mu\nu} \right)$$
(10.67)

gegeben. Für die Berechnung des Energiestroms haben wir in der elek-
trodynamischen Betrachtung den Poynting-Vektor verwendet. Wie
können wir dies auf gravitative Strahlung verallgemeinern? Wir erinnern uns an den Zusammenhang zwischen Poynting-Vektor und
Energie-Impuls-Tensor der Elektrodynamik. Der Poynting-Vektor ist
Bestandteil des Tensors. Und zwar stellt er die T_{0i}^{em}-Komponenten
dar. In einer Übertragung auf die Gravitationsstrahlung sollte für

---

[10] Die Fouriertransformation kann in [LP 13, Kap. 14.1] wiederholt werden.

den Energiestrom (analog zu (10.58)) also gelten:

$$dP = c \, \langle T_{0i}^{grav} \rangle \, \frac{x^i}{r} r^2 d\Omega. \tag{10.68}$$

Für den Energie-Impuls-Tensor benötigen wir ein Resultat, das in [FLI 12a, S. 195] ausführlich hergeleitet wird. Es gilt:

$$\langle T_{0i}^{grav} \rangle = \frac{c^4}{16\pi G} k_0 k_i (e^{\mu\nu*} e_{\mu\nu} - \frac{1}{2}|e^\mu{}_\mu|^2). \tag{10.69}$$

In diesen Ausdruck setzen wir den Term $e_{\mu\nu}$ aus der linearen Näherung (10.67) ein:

$$
\begin{aligned}
\langle T_{0i}^{grav} \rangle =& \frac{c^4}{16\pi G} k_0 k_i \Bigg[-\frac{16G^2}{c^8 r^2} \left(T^{\mu\nu}(\mathbf{k}) - \frac{T(\mathbf{k})}{2}\eta^{\mu\nu} \right)^* \\
& \left(T_{\mu\nu}(\mathbf{k}) - \frac{T(\mathbf{k})}{2}\eta_{\mu\nu} \right) \\
& -\frac{8G^2}{c^8 r^2} \left| \left(T^\mu{}_\mu(\mathbf{k}) - \frac{T(\mathbf{k})}{2}\eta^\mu{}_\mu \right) \right|^2 \Bigg] \\
=& \frac{G}{\pi c^4 r^2} \frac{\omega}{c} k_i \Big[T^{\mu\nu*}(\mathbf{k}) T_{\mu\nu}(\mathbf{k}) \\
& - \left((T^\mu{}_\mu)^*(\mathbf{k}) \frac{T(\mathbf{k})}{2} \right) - \left(T^\mu{}_\mu(\mathbf{k}) \frac{T^*(\mathbf{k})}{2} \right) \\
& + \left(\frac{T^*(\mathbf{k})T(\mathbf{k})}{4}\eta^{\mu\nu}\eta_{\mu\nu} \right) - \frac{1}{2}|T(\mathbf{k})|^2 \Big] \\
\overset{(5.25)}{=}& \frac{G\omega}{\pi c^5 r^2} k_i [T^{\mu\nu*}(\mathbf{k}) T_{\mu\nu}(\mathbf{k}) - T^*(\mathbf{k}) T(\mathbf{k}) \\
& + \left(\frac{4T^*(\mathbf{k})T(\mathbf{k})}{4} \right) - \frac{1}{2}|T(\mathbf{k})|^2] \\
=& \frac{G\omega}{\pi c^5 r^2} k_i \left(T^{\mu\nu*}(\mathbf{k}) T_{\mu\nu}(\mathbf{k}) - \frac{1}{2}|T(\mathbf{k})|^2 \right). \tag{10.70}
\end{aligned}
$$

Jetzt folgt damit der Energiestrom:

$$\frac{dP}{d\Omega} = c\,\frac{G\omega}{\pi c^5 r^2}k_i\left(T^{\mu\nu*}(\mathbf{k})T_{\mu\nu}(\mathbf{k}) - \frac{1}{2}|T(\mathbf{k})|^2\right)\frac{x^i}{r}r^2$$

$$= \frac{G\omega}{\pi c^4}\left(k_i\cdot\frac{x^i}{r}\right)\left(T^{\mu\nu*}(\mathbf{k})T_{\mu\nu}(\mathbf{k}) - \frac{1}{2}|T(\mathbf{k})|^2\right)$$

$$= \frac{G\omega}{\pi c^4}\frac{\omega}{c}\left(T^{\mu\nu*}(\mathbf{k})T_{\mu\nu}(\mathbf{k}) - \frac{1}{2}|T(\mathbf{k})|^2\right)$$

$$= \frac{G\omega^2}{\pi c^5}\left(T^{\mu\nu*}(\mathbf{k})T_{\mu\nu}(\mathbf{k}) - \frac{1}{2}|T(\mathbf{k})|^2\right). \qquad (10.71)$$

Wir haben das Problem nun darauf reduziert, die Fouriertransformierte von $T_{\mu\nu}(\mathbf{r})$ zu finden. Am Ende des Kapitels können wir die abgestrahlte Leistung in Abhängigkeit des Quadrupolmomentes angeben.

Zu diesem Zweck reduzieren wir zunächst die Quellverteilung auf die räumlichen Komponenten $T^{ij}(\mathbf{x}, t)$. Dabei machen wir uns die Kontinuitätsgleichung (7.3) zunutze. Wir erhalten daraus

$$\partial_i T_{\mu\nu}(\mathbf{x}) = 0$$

$$\Rightarrow \frac{\partial}{\partial x^i}\left[\frac{1}{(2\pi)^3}\int d^3k\,\exp(i\mathbf{k}\cdot\mathbf{x})T_{\mu\nu}(\mathbf{k})\right] = 0$$

$$\Rightarrow \frac{1}{(2\pi)^3}\int d^3k\,(ik_i)\exp(i\mathbf{k}\cdot\mathbf{x})T_{\mu\nu}(\mathbf{k}) = 0$$

Ebenso können wir den Erhaltungssatz für die 0-Komponente berechnen. Es folgt also:

$$k_\nu T^{\mu\nu}(\mathbf{k}) = 0. \qquad (10.72)$$

Also ist

$$k_0 T^{00}(\mathbf{k}) = -k_j T^{0j}(\mathbf{k}) \quad \Rightarrow T^{00} = -\frac{k_j}{k_0} T^{0j} \tag{10.73}$$

und

$$k_0 T^{0i}(\mathbf{k}) = -k_j T^{ij}(\mathbf{k}) \quad \Rightarrow T^{0i} = -\frac{k_j}{k_0} T^{ij}. \tag{10.74}$$

Mit (10.74) wird (10.73) zu

$$T^{00} = -\frac{k_j}{k_0} T^{0j} = \frac{k_i k_j}{k_0^2} T^{ij}. \tag{10.75}$$

Setzen wir dies in die einzelnen Terme (10.71) ein, erhalten wir:

$$\begin{aligned}
T^{\mu\nu*}(\mathbf{k}) T_{\mu\nu}(\mathbf{k}) &= \eta_{\mu\rho}\eta_{\nu\sigma} T^{\mu\nu*}(\mathbf{k}) T^{\rho\sigma}(\mathbf{k}) \\
&= T^{00*}(\mathbf{k}) T^{00}(\mathbf{k}) - 2T^{0i*}(\mathbf{k}) T^{0i}(\mathbf{k}) + T^{ij*}(\mathbf{k}) T^{ij}(\mathbf{k}) \\
&= \left(\frac{k_i k_j k_l k_m}{k_0^4} - 2\delta_{il} \frac{k_j k_m}{k_0^2} + \delta_{il}\delta_{jm} \right) T^{ij*}(\mathbf{k}) T^{lm}(\mathbf{k}).
\end{aligned}$$
$$\tag{10.76}$$

$$\begin{aligned}
|T(\mathbf{k})|^2 = |T^{00} - T^{ii}|^2 &= |\frac{k_j k_i}{k_0^2} T^{ij} - \delta_{ij} T^{ij}|^2 \\
&= \left(\frac{k_i k_j k_l k_m}{k_0^4} - \delta_{ij}\frac{k_l k_m}{k_0^2} - \delta_{lm}\frac{k_i k_j}{k_0^2} + \delta_{ij}\delta_{lm} \right) \times \\
& \quad T^{ij*}(\mathbf{k}) T^{lm}(\mathbf{k}).
\end{aligned}$$
$$\tag{10.77}$$

So treten automatisch nur noch rein räumliche Komponenten auf. Den Energiestrom erhalten wir dann zu:

$$dP = \frac{G\omega^2}{\pi c^5} \Lambda_{ij,lm} T^{ij*}(\mathbf{k}) T^{lm}(\mathbf{k}) d\Omega, \tag{10.78}$$

wobei

$$\Lambda_{ij,lm} = \delta_{il}\delta_{jm} - \frac{1}{2}\delta_{ij}\delta_{lm} - 2\delta_{ij}\frac{k_j k_m}{k_0^2} + \frac{1}{2}\delta_{ij}\frac{k_l k_m}{k_0^2}$$
$$+ \frac{1}{2}\delta_{lm}\frac{k_i k_j}{k_0^2} + \frac{1}{2}\frac{k_i k_j k_l k_m}{k_0^4} \tag{10.79}$$

ist.

Als nächste Vereinfachung nutzen wir erneut die Langwellennäherung aus. Dies ist zulässig, wenn $\lambda \gg r_0$ ist, wobei r_0 der Ausdehnung der Massenverteilung entspricht. Somit gilt für $T^{ij}(\mathbf{k})$ analog zu (10.52):

$$T^{ij}(\mathbf{k}) = \int d^3r' T^{ij}(\mathbf{r}')\exp(-i\mathbf{k}\cdot\mathbf{r}')$$
$$= \int d^3r' T^{ij}(\mathbf{r})(1 - i\mathbf{k}\cdot\mathbf{r}' + \cdots)$$
$$\approx \int d^3r' T^{ij}(\mathbf{r}') = -\frac{\omega^2}{2}Q^{ij}. \tag{10.80}$$

Da es sich um Quadrupolstrahlung handelt, geben wir im letzten Schritt das Ergebnis, in Analogie zum Dipolmoment in der Elektrodynamik, durch den Quadrupoltensor Q^{ij} an.[11] Der Quadrupoltensor ist durch

$$Q^{ij} := \int d^3r\, x^i x^j \rho(\mathbf{r}) \tag{10.81}$$

definiert. Der Energiestrom ist dann mit der Langwellennäherung

---

[11] In der Multipolentwicklung stellt das Quadrupolmoment die zweite Ordnung der Entwicklung der Verteilung dar.

durch den Quadrupoltensor ausgedrückt:

$$dP = \frac{G\omega^6}{4\pi c^5}\Lambda_{ij,lm}Q^{ij*}Q^{lm}d\Omega. \tag{10.82}$$

Um die durch eine oszillierende Massenverteilung abgestrahlte Leistung zu bestimmen, wird auf beiden Seiten der Gleichung integriert.[12]

$$P = \int d\Omega \frac{dP}{d\Omega} = \frac{2G\omega^6}{5c^5}\left(Q^{ij}Q^{ij*} - \frac{1}{3}Q^{ii}Q^{jj*}\right). \tag{10.83}$$

10.6 Mögliche Quellen von Gravitationswellen

Nachdem nun die Formel für die abgestrahlte Leistung oszillierender Massenverteilungen hergeleitet wurde, interessieren uns mögliche Quellen der Gravitationswellen. Wir berechnen jeweils die abgestrahlte Leistung. Nur bei einer genügend hohen Strahlungsleistung ist ein Nachweis von Gravitationsstrahlung überhaupt möglich. Zunächst bestimmen wir die Strahlungsleistung für allgemeine Rotatoren. Dann betrachten wir die Beispiele eines rotierenden Balkens im Labor und eines Doppelsternsystems. Insbesondere betrachten wir das Doppelsternsystem ι Boo, welches in [FLI 12a, Kap. 36] diskutiert wird.

Allgemeiner Rotator

Wir beginnen mit der Diskussion eines rotierenden starren Körpers. Im Koordinatensystem des Körpers KS' sei die Massendichte $\rho'(r')$ zeitunabhängig. Außerdem sei das Koordinatensystem so gelegt, dass

---

[12] Zur Integration über $\Lambda_{ij,lm}$ siehe [FLI 12a, S. 203].

der Quadrupoltensor Θ'_{ij} diagonal ist:

$$\Theta'_{ij} = \int d^3 r' x'_i x'_j \rho'(\mathbf{r}') = \begin{pmatrix} I_1 & 0 & 0 \\ 0 & I_2 & 0 \\ 0 & 0 & I_3 \end{pmatrix}. \tag{10.84}$$

Nun lassen wir den Körper um die x_3-Achse mit der Winkelgeschwindigkeit Ω rotieren. Wir suchen die Transformation von KS' in ein Inertialsystem. Dies ist mit der Transformationsmatrix $\alpha(t)$ einer Drehung um die x_3-Achse möglich:

$$\alpha(t) = \begin{pmatrix} \cos \Omega t & -\sin \Omega t & 0 \\ \sin \Omega t & \cos \Omega t & 0 \\ 0 & 0 & 1 \end{pmatrix}$$

Der Quadrupoltensor in diesem Inertialsystem wird dann durch

$$\Theta_{ij} = \int d^3 r' \alpha_i^n x'_n \alpha_i^m x'_m \rho'(\mathbf{r}') = (\alpha(t) \Theta' \alpha(t)^T)_{ij} \tag{10.85}$$

angegeben.

Wir erhalten durch Einsetzen der Matrizen:

$$\begin{pmatrix} \cos\Omega t & -\sin\Omega t & 0 \\ \sin\Omega t & \cos\Omega t & 0 \\ 0 & 0 & 1 \end{pmatrix} \begin{pmatrix} I_1 & 0 & 0 \\ 0 & I_2 & 0 \\ 0 & 0 & I_3 \end{pmatrix} \begin{pmatrix} \cos\Omega t & \sin\Omega t & 0 \\ -\sin\Omega t & \cos\Omega t & 0 \\ 0 & 0 & 1 \end{pmatrix}$$

$$= \begin{pmatrix} \cos\Omega t & -\sin\Omega t & 0 \\ \sin\Omega t & \cos\Omega t & 0 \\ 0 & 0 & 1 \end{pmatrix} \begin{pmatrix} I_1\cos\Omega t & I_1\sin\Omega t & 0 \\ -I_2\sin\Omega t & I_2\cos\Omega t & 0 \\ 0 & 0 & I_3 \end{pmatrix}$$

$$= \begin{pmatrix} I_1\cos^2\Omega t + I_2\sin^2\Omega t & \sin\Omega t\cos\Omega t(I_1 - I_2) & 0 \\ \sin\Omega t\cos\Omega t(I_1 - I_2) & I_1\sin^2\Omega t + I_2\cos^2\Omega t & 0 \\ 0 & 0 & I_3 \end{pmatrix}.$$

Mithilfe der Additionstheoreme

$$\cos^2 x = \frac{1}{2}\left(\cos 2x + 1\right),\quad \sin^2 x = \frac{1}{2}\left(1 - \cos 2x\right),$$

$$\sin 2x = 2\sin x \cos x,$$

folgt daraus für die einzelnen Komponenten:

$$\Theta_{11} = I_1\cos^2\Omega t + I_2\sin^2\Omega t$$

$$= \frac{1}{2}I_1\left(\cos 2\Omega t + 1\right) + \frac{1}{2}I_2\left(1 - \cos 2\Omega t\right)$$

$$= \frac{I_1 + I_2}{2} + \frac{I_1 - I_2}{2}\cos 2\Omega t,$$

$$\Theta_{12} = \sin\Omega t\cos\Omega t(I_1 - I_2)$$

$$= \frac{I_1 - I_2}{2}\sin 2\Omega t,$$

$$\Theta_{22} = I_1 \sin^2 \Omega t + I_2 \cos^2 \Omega t$$

$$= \frac{1}{2} I_1 \left(1 - \cos 2\Omega t\right) + \frac{1}{2} I_2 \left(\cos 2\Omega t + 1\right)$$

$$= \frac{I_1 + I_2}{2} - \frac{I_1 - I_2}{2} \cos 2\Omega t,$$

$$\Theta_{13} = \Theta_{23} = 0, \quad \Theta_{33} = I_3.$$

Die Ergebnisse lassen sich in einem Ausdruck

$$\Theta_{ij}(t) = const. + [Q_{ij} \exp(-2i\Omega t) + Q_{ij}^* \exp(2i\Omega t)], \qquad (10.86)$$

$$\text{mit } Q_{ij} = \frac{I_1 - I_2}{4} \begin{pmatrix} 1 & i & 0 \\ i & -1 & 0 \\ 0 & 0 & 0 \end{pmatrix} \qquad (10.87)$$

zusammenführen, wobei der konstante Anteil nicht zur Abstrahlung beiträgt. Durch die Rotation entsteht also eine oszillierende Quadrupolverteilung. Um die abgestrahlte Leistung des Rotators zu bestimmen, setzen wir in die Leistung der Quadrupolstrahlung (10.83) ein. Die Frequenz der oszillierenden Massenverteilung ω beträgt dabei 2Ω, da die Ausgangsstellung bereits nach einer halben Umdrehung wieder erreicht ist. Wir führen noch das Gesamtträgheitsmoment bezüglich der Drehachse

$$I = I_1 + I_2 \qquad (10.88)$$

und die Elliptizität des Körpers

$$\epsilon = \frac{I_1 - I_2}{I_1 + I_2} \qquad (10.89)$$

ein. Der Vorfaktor von (10.87) geht dann über in:

$$\frac{I_1 - I_2}{4} = \frac{I_1 - I_2}{4}\frac{I_1 + I_2}{I_1 + I_2} = \frac{I\epsilon}{4}.$$

Die abgestrahlte Leistung ist somit:

$$P = \frac{2G\omega^6}{5c^5}\left(Q^{ij}Q^{ij*} - \frac{1}{3}Q^{ii}Q^{jj*}\right)$$

$$\overset{(10.87)}{=} \frac{2G2^6\Omega^6}{5c^5} \times$$

$$\left[\left(\frac{I\epsilon}{4}\right)^2(|1|^2 + |i|^2 + |i|^2 + |-1|^2) - \left(\frac{I^2\epsilon^2}{48}\right)|(1-1)|^2\right]$$

$$= \frac{G2^7\Omega^6}{5c^5}\left(\frac{4I^2\epsilon^2}{16}\right)$$

$$= \frac{32G\Omega^6}{5c^5}\epsilon^2 I^2. \tag{10.90}$$

Rotierender Balken im Labor

Gravitationsstrahlung kann, wie wir erkannt haben, durch einen Rotator erzeugt werden. Ein Rotator ist beispielsweise durch einen rotierenden Balken in einem Labor realisiert. Ein hypothetischer Balken, mit dem im Labor ein Experiment durchgeführt werden könnte, rotiert mit der Kreisfrequenz Ω um eine Achse. Die Zerreißfestigkeit des Materials stellt eine obere Grenze für die Frequenz dar. Für einen Balken sind die Trägheitsmomente I_1 und I_2 mit

$$I \approx I_1 = \frac{ML^2}{12}, \quad I_2 \approx 0 \tag{10.91}$$

anzugeben [MES 15, Kap. 2.2.3]. Die Elliptizität ϵ ist dann ungefähr
Eins.

Einen möglichen Aufbau könnten wir uns mit $M = 1 \cdot 10^6$ kg,
$L = 10$ m und $\Omega = 30$ s^{-1} denken. Dann erhalten wir aus Gleichung
(10.90):

$$P \overset{(10.91),(10.90)}{\approx} \frac{32G\Omega^6}{5c^5}\epsilon^2 \left(\frac{ML^2}{12}\right)^2 = 8.9 \cdot 10^{-30} \text{ W}. \qquad (10.92)$$

Für den Nachweis der Strahlung ist die Energiestromdichte entscheidend. Diese liegt beim Laborexperiment eines rotierenden Balkens
bei

$$\Phi_{GW} \approx \frac{P}{L^2} = 8.9 \cdot 10^{-32}\frac{\text{W}}{\text{m}^2}. \qquad (10.93)$$

Leider ist dieser Wert weit unterhalb der Nachweisgrenze, wie wir im
folgenden Kapitel einsehen werden.

Doppelsternsysteme

Die Nachweisgrenze könnte überschritten werden, wenn größere Massen betrachtet werden. Es ist zwar nicht möglich im Labor erzeugte
Gravitationswellen nachzuweisen, aber Gravitationswellen, die im All
erzeugt werden, haben eine höhere Energiestromdichte.

So betrachten wir nun ein System aus zwei Sternen, die sich auf
Kepler-Ellipsen umeinander bewegen. Wir nähern die Bahnen durch
Kreise an. Daraus folgt, dass der Abstand r zwischen den beiden
Sternen konstant bleibt und wir das System in erster Näherung als
starren Rotator beschreiben können. Die Trägheitsmomente sind in

diesem Fall [FLI 12a, Kap. 36]:

$$I \approx I_1 = \frac{M_1 M_2 r^2}{M_1 + M_2}, \quad I_2 \approx 0. \tag{10.94}$$

Die Bahnfrequenz erhalten wir durch Gleichsetzen von Gravitations- und Zentripetalkraft:

$$\frac{M_1 M_2}{M_1 + M_2} \Omega^2 r = G \frac{M_1 M_2}{r^2} \quad \Rightarrow \quad \Omega^2 = G \frac{M_1 + M_2}{r^3}. \tag{10.95}$$

Die abgestrahlte Leistung eines Doppelsternsystems kann also mit

$$P = \frac{32 G \Omega^6}{5 c^5} \epsilon^2 I^2$$

$$= \frac{32 G}{5 c^5} \left(G \, \frac{M_1 + M_2}{r^3} \right)^3 \left(\frac{M_1 M_2 r^2}{M_1 + M_2} \right)^2 \tag{10.96}$$

$$= \frac{32 G}{5 c^5} G^3 \frac{M_1^2 M_2^2 (M_1 + M_2)^3 r^4}{(M_1 + M_2)^2 r^9} \tag{10.97}$$

$$= \frac{32 G^4}{5 c^5} \frac{M_1^2 M_2^2 (M_1 + M_2)}{r^5} \tag{10.98}$$

berechnet werden. Wiederum leiten wir damit die auf die Erde einfallende Energiedichte ab. Die Leistung wird auf einer Kugelschale in alle Richtungen abgestrahlt. Somit erhalten wir mit dem Abstand D des Doppelsternsystems von der Erde die Energiestromdichte

$$\Phi_{GW} = \frac{P}{4\pi D^2}. \tag{10.99}$$

Um die Größenordnung abzuschätzen, tragen wir die Daten[13] des

---

[13] Die Daten sind aus [FLI 12a, Kap. 36] übernommmen und im Anhang aufgeführt.

Doppelsternsystems ι Boo in die Formel ein. Die auf der Erde einfallende Energiestromdichte beträgt dann

$$\Phi_{GW} = \frac{1}{4\pi D^2} \frac{32G^4}{5c^5} \frac{M_1^2 M_2^2 (M_1 + M_2)}{r^5} \approx 1,8 \cdot 10^{-13} \frac{W}{m^2}. \qquad (10.100)$$

Diese Größenordnung liegt schon eher im möglichen Nachweisbereich. Eine noch höhere Energiestromdichte haben zwei sich umkreisende schwarze Löcher. Die von einer solchen Konstellation ausgesendete Gravitationswelle konnte 2015 als erste Gravitationswelle nachgewiesen werden [ABB 16].

10.7 Nachweismethoden von Gravitationswellen

Der Effekt einer Gravitationswelle, der auf der Erde gemessen werden kann, ist sehr gering. Einstein selbst glaubte nicht, dass es jemals möglich sein könnte Gravitationswellen direkt nachzuweisen [BD 07]. In der Tat stellt die Detektion von Gravitationswellen einen hohen experimentellen Aufwand dar. Dementsprechend groß war die Resonanz in Wissenschaft und Gesellschaft, als im Februar 2016 der Nachweis einer Gravitationswelle präsentiert wurde. In diesem Kapitel sind drei Nachweismethoden von Gravitationswellen dargestellt. Zunächst widmen wir uns dem indirektem Nachweis, für den Taylor und Hulse 1993 den Nobelpreis erhalten haben. Anschließend diskutieren wir kurz die Resonanzdetektoren von J. Weber. Zum Schluss thematisieren wir dann die Methode der interferometrischen Detektoren, die 2015 die erste bestätigte Gravitationswelle gemessen haben.

Indirekter Nachweis PSR1913+16

Das Gebilde PSR1913+16 ist ein System aus zwei Pulsaren, die einander umkreisen. Im vorherigen Kapitel haben wir diskutiert, dass ein solches System Energie in Form einer Gravitationswelle abstrahlt. Taylor und Hulse konnten diese Wellen nicht direkt nachweisen, aber sie beobachteten eine Veränderung im System selbst. Durch die Abgabe von Energie verringert sich der Radius, mit dem sich die Objekte umkreisen. Typischerweise gibt die Spiralzeit t_{spir} an, wann die Sterne ineinanderstürzen. Die Gesamtenergie im Keplerproblem ist

$$E = -G\frac{M_1 M_2}{2r}. \tag{10.101}$$

Durch die abgestrahlte Leistung (10.98) verringert sich diese Energie stetig:

$$P = -\frac{dE}{dt}$$

$$\Leftrightarrow \frac{32G^4}{5c^5}\frac{M_1^2 M_2^2(M_1 + M_2)}{r^5} = -\frac{GM_1 M_2}{2r^2}\frac{dr}{dt}. \tag{10.102}$$

Wir formen die Gleichung nach $\frac{dr}{dt}$ um:

$$\frac{dr}{dt} = -\frac{64G^3}{5c^5}\frac{M_1 M_2(M_1 + M_2)}{r^3}. \tag{10.103}$$

Durch eine Substitution $\left(x(t) = \left(\frac{r(t)}{r(0)}\right)^4\right)$ bekommen wir eine Differentialgleichung in x.

Damit die Ableitung korrekt substituiert werden kann, müssen wir beide Seiten der Gleichung mit $\frac{4}{r(0)^4}$ multiplizieren.

$$\frac{dr}{dt} = -\frac{64G^3}{5c^5}\frac{M_1 M_2(M_1 + M_2)}{r^3}$$

$$\Leftrightarrow \quad 4\frac{r(t)^3}{r(0)^4}\frac{dr}{dt} = -\frac{256G^3}{5c^5}\frac{M_1 M_2(M_1 + M_2)}{r(0)^4}$$

$$\Leftrightarrow \quad \frac{dx}{dt} = -\frac{256G^4}{5c^5}\frac{M_1 M_2(M_1 + M_2)}{r(0)^4}. \qquad (10.104)$$

Wir führen nun die Spiralzeit t_{spir} ein, nach der die beiden Objekte ineinander stürzen. Wir setzen die rechte Seite der Gleichung (10.104) gleich $-\frac{1}{t_{spir}}$. Diese Maßnahme wird gleich bei der Betrachtung der Lösung verständlich. Wir erhalten also

$$\frac{dx}{dt} = -\frac{1}{t_{spir}}. \qquad (10.105)$$

Diese Differentialgleichung lässt sich durch den Ansatz

$$x = 1 - \frac{t}{t_{spir}}$$

lösen. Die Resubstitution führt uns auf:

$$r(t) = r(0)\left(1 - \frac{t}{t_{spir}}\right)^{\frac{1}{4}}. \qquad (10.106)$$

Nun lässt sich die Differentialgleichung im Nachhinein legitimieren. Für $t = 0$ ist der Abstand der Objekte $r_0 = r(0)$, bei $t = t_{spir}$ auf Null geschrumpft. Dies deckt sich mit der Forderung an den Radius r. Für zwei Sterne mit gleicher Masse ($M_1 = M_2 = M$) bestimmen wir die Spiralzeit t_{spir} dann zu:

$$t_{spir} = \frac{5c^5}{256G^4}\frac{r(0)^4}{M^2(2M)} = \frac{5}{512}\left(\frac{c^2 r(0)}{GM}\right)^3 \frac{r(0)}{c}. \qquad (10.107)$$

Für den beobachteten Quasar PSR1913+16 ergibt sich eine Spiralzeit von $t_{spir} \sim 10^9$ Jahren.

Wie konnten Taylor und Hulse trotzdem die abgestrahlte Energie beobachten?

Sie haben die Änderung der Umlaufzeit experimentell beobachtet. Theoretisch wird diese Änderung aus der folgenden Überlegung bestimmt.

Das Kepler-Gesetz $T^2 \propto r^3$ impliziert $\frac{dT}{T} = \frac{3}{2}\frac{dr}{r}$ und folglich auch $\frac{dT}{T} = -\frac{3}{2}\frac{dE}{E}$. Das negative Vorzeichen ist durch die Abnahme der Energie bei forschreitender Zeit begründet. Die Umlaufzeit beträgt nach Newton [MES 15, Kap. 1.8.8]:

$$T = \frac{2\pi}{\omega} = 2\pi\left(\frac{r^3}{GM}\right)^{\frac{1}{2}}. \qquad (10.108)$$

Wir wollen die Änderung der Umlaufzeit $\frac{dT}{dt}$ bestimmen, also bringen wir den Faktor dt auf beiden Seiten der Gleichung ein:

$$\frac{\frac{dT}{dt}}{T} = -\frac{3}{2}\frac{\frac{dE}{dt}}{E} \overset{(10.102)}{=} -\frac{3}{2}\frac{128G^3 M^3}{5r^4 c^5}. \qquad (10.109)$$

Also ist

$$\frac{dT}{dt} = -\frac{3}{5}\frac{64G^3 M^3}{r^4 c^5}T = 2\pi\left(\frac{r^3}{GM}\right)^{\frac{1}{2}}\cdot\frac{192}{5}\frac{G^3 M^3}{r^4 c^5}. \qquad (10.110)$$

Wenn wir nun die Daten des PSR1913+16 einsetzen, folgt das Ergebnis, dass sich die Umlaufzeit in jeder Sekunde um $1,84 \times 10^{-13}$ Sekunden verringert. Da es sich bei den Bahnen der Pulsare um Ellipsen mit hoher Exzentrizität handelt, muss die Formel noch weiter angepasst werden.

Wir beschränken uns auf die Aussage, dass Taylor und Hulse die Abnahme der Umlaufzeit zu $\frac{dT}{dt} = (-2.442 \pm 0.006) \times 10^{-12}$ gemessen haben und damit eine Abweichung von 0,3% von der Vorhersage erreichten. Da es keine andere mögliche Erklärung für den Energieverlust gibt, wird diese Abnahme der Umlaufzeit als indirekter Nachweis von Gravitationswellen angesehen, wenngleich die Gravitationswelle selbst nicht detektiert wurde.

Resonanzdetektoren

Die ersten Versuche eines direkten Nachweises von Gravitationswellen sind mit dem Namen des Physikers Joseph Weber verbunden. In den 1960er-Jahren konstruierte dieser als Pionier der Gravitationswellendetektion bezeichnete Wissenschaftler Resonanzdetektoren [THO 80]. Nach der Theorie verformen Gravitationswellen Festkörper. Diese Verformung wird in Webers Detektoren dann anschließend über den piezoelektrischen Effekt in ein elektrisches Signal umgewandelt.

In seinem Aufbau verwendet Weber einen 1000 kg schweren Aluminiumzylinder von einem Meter Länge.[14] Trifft nun eine Gravitationswelle auf den Detektor, so sollte er in Eigenschwingungen versetzt werden. Auch wenn Weber den Zylinder gut mechanisch und aku-

---

[14] Weitere Informationen zum Aufbau finden sich in der Veröffentlichung [WEB 67].

stisch isoliert hat, tritt immer noch ein thermisches Rauschen als Störung auf. Dieses Rauschen kann durch eine lange Messzeit verringert werden.

Weber hat zudem zwei baugleiche Detektoren an zwei verschiedenen Standpunkten in den USA aufgestellt und gleichzeitige Signale registriert. Die Ergebnisse, die Weber gefunden hat, lassen sich jedoch nicht reproduzieren. Die Nachweisgrenze für einen solchen Detektor liegt bei einer Amplitude von $h \approx 10^{-22}$. Unterhalb wird die Empfindlichkeit durch quantenmechanische Effekte, beziehungsweise die Unschärferelation limitiert.

Interferometer

Der erste Nachweis von Gravitationswellen ist nicht mit einem Resonanzdetektor, sondern mit einem interferometrischen Detektor erfolgt. Wir haben bereits diskutiert, dass sich der Abstand von freien Teilchen im Feld einer Gravitationswelle ändert (Kap. 10.4). Diese Längenänderung kann mit einem Interferometer gemessen werden.

Zunächst wollen wir uns noch einmal die Winzigkeit des Effektes durch eine Gravitationswelle bewusst machen. Die Größe der Amplitude stellt die Hauptschwierigkeit eines experimentellen Nachweises dar. Wir betrachten dazu den physikalische Abstand L zwischen zwei freien Teilchen. Eine Gravitationswelle lässt diesen Abstand um den Faktor ΔL oszillieren:

$$\frac{\Delta L}{L} = h \, \cos(\omega t). \qquad (10.111)$$

Die relative Längenänderung, die mit dem Interferometer gemessen werden soll, ist also proportional zur Amplitude h. Die Amplitude h

hängt von der Energiestromdichte ab. Dazu müssen wir Gleichung
(10.48) nach h umstellen:

$$h = \sqrt{\frac{8\pi G \Phi_{GW}}{c^3 \omega^2}} = 1,4 \cdot 10^{-18} \left(\frac{\Phi_{GW}}{W/m^2} \right)^{\frac{1}{2}} \frac{T}{s}. \qquad (10.112)$$

Für das Doppelsternsystem ι Boo aus dem vorangegangenen Kapitel ergibt sich somit beispielsweise eine Amplitude von $h \approx 10^{-20}$.
Der experimentelle Aufbau muss also in der Lage sein, winzige
Längenänderungen zu messen. Auf einen Kilometer beträgt die Änderung gerade 0,01 fm. Dies entspricht dem Hundertstel eines Protondurchmessers.

Es ist tatsächlich gelungen diese winzigen Längenänderungen mit einem Interferometer zu messen. Das Signal zweier verschmelzender
Schwarzer Löcher wurde im September 2015 [ABB 16] an zwei Aufbauten des LIGO in den USA nachgewiesen. Die verwendeten Interferometer sind im Prinzip genauso aufgebaut, wie das in Kapitel 2 thematisierte Interferometer von Michelson und Morley. Allerdings sind
die Lichtwege vier Kilometer lang [MAG 07, Kap. 9.5]. Die Spiegel am
Ende der "Arme" des Interferometers dienen jeweils als Testmassen,
die durch die Gravitationswelle in Schwingung versetzt werden. Die
Abstandsänderung ΔL kann dann durch die Phasenverschiebung des
Lichtes, die sich in der Störung des Interferenzbildes äußert, gemessen
werden. Die Zeit zwischen maximaler und minimaler Auslenkung der
Testmassen durch die Gravitationswelle beträgt $\Delta t = \frac{\pi}{\omega}$. Das Licht
laufe in dieser Zeitspanne N-mal zwischen den Spiegeln hin und her.
Die Strecke NL ändert sich durch die Gravitationswelle demnach um

$N \, \Delta L$. Für die Phasendifferenz bedeutet dies

$$\Delta\Phi_{GW} = 2\pi \frac{N\Delta L}{\lambda_\gamma} = \frac{\omega_\gamma}{\omega_{GW}}\pi h. \qquad (10.113)$$

Damit dieses Signal detektiert werden kann, muss die Phasendifferenz größer sein als die Phasendifferenz, die durch Störungen zustande kommt. Wir betrachten die Störung, die durch quantenmechanische Effekte verursacht wird, als minimale Störung. So können wir die untere Grenze für den Nachweis einer Amplitude angeben. Die quantenmechanische Unschärfe ist in diesem Fall durch [FLI 12a, Kap 37]

$$\Delta\Phi_{QM} = \frac{1}{2\sqrt{\frac{\pi P}{\hbar\omega_{GW}\omega_\gamma}}} \qquad (10.114)$$

gegeben. Die Variable P bezeichnet dabei die Leistung des Lasers. Somit ergibt sich durch Umstellen der Formel die untere Nachweisgrenze mit einem Interferometer:

$$h \geq \sqrt{\frac{\hbar\omega_{GW}^3}{4\pi^3 P\omega_\gamma}}. \qquad (10.115)$$

Am LIGO Detektor können Amplituden von $h = 10^{-21}$ nachgewiesen werden [RIL 13].

11 Zusammenfassung und Ausblick

In dieser Arbeit ist ein Bogen über die letzten 100 Jahre gespannt worden. Von der Formulierung der Feldgleichungen der Gravitation durch Einstein 1915 bis zum geglückten Nachweis einer Gravitationswelle 2015 erstreckt sich die Geschichte der Allgemeinen Relativitätstheorie und ihrer experimentellen Überprüfung.

In den ersten Kapiteln ist die in der Wissenschaft akzeptierte Grundlage zur ART dargestellt. Newtons Gravitationstheorie aus dem 17. Jahrhundert stellt sich jedoch nicht als eine relativistische Theorie heraus. Sie ist nicht mit der Anfang des 20. Jahrhunderts gefundenen Speziellen Relativitätstheorie konform. Nachdem beide Theorien kurz dargestellt wurden, folgt die Argumentation, warum sie nicht vereinbar sind. Das Newton'sche Gravitationsgesetz ist ein Fernwirkungsgesetz.

Dem Leser wurden anschließend Versuche der Verallgemeinerung der Theorie präsentiert. Aus den Fehlern dieser einfachen Ansätze können Anforderungen an eine solche verallgemeinerte Theorie abgeleitet werden. Das starke Äquivalezprinzip bedingt eine Krümmung der Raum-Zeit.

Im fünften Kapitel ist dann die mathematische Grundlage dieser gekrümmten Raum-Zeit erarbeitet worden. Es ist nötig, die Raum-Zeit als Riemann'schen Raum und die Gesetze als kovariante Gesetze zu formulieren. Die wichtigsten Tensoren, die für die Einstein'schen

Feldgleichungen benötigt werden, sind eingeführt und an kleinen Beispielen nähergebracht worden.

Anschließend steht die Physik in der gekrümmten Raum-Zeit im Mittelpunkt der Diskussion. Aus den Bewegungsgleichungen werden in der Allgemeinen Relativitätstheorie Geodätengleichungen. Die kürzeste Verbindung zwischen zwei Raumpunkten ist aufgrund der Krümmung nicht durch eine Gerade gegeben.

Mit den bisherigen Erkenntnissen sind dann die Feldgleichungen der Gravitation thematisiert worden. Darauf aufbauend wurde die exakte Schwarzschild-Lösung berechnet.

Sie erlaubt in erster Näherung eine Beschreibung unseres Sonnensystems. Nun ist es möglich theoretische Vorhersagen im Sonnensystem mit experimentellen Beobachtungen zu konfrontieren. Die Allgemeine Relativitätstheorie verdankt ihren Ruhm auch der Tatsache, dass in der ersten Hälfte des 20. Jahrhunderts alle Messergebnisse gut mit den Vorhersagen übereinstimmen. Die drei klassischen Test sind ausführlich in dieser Arbeit diskutiert.

Im letzten Kapitel wurden Gravitationswellen thematisiert. Aus den linearen Feldgleichungen ergeben sich Wellenlösungen. Analog zur Elektrodynamik sind dann ebene Wellen, deren Effekte auf freie Teilchen und die Quadrupolstrahlung diskutiert worden. Den Abschluss der Arbeit bildet der geglückte Nachweis von Gravitationswellen.

Nachdem 2015 die theoretische vorhergesagten Gravitationswellen experimentell gefunden wurden, sind weitere Experimente in Planung. Die ESA und die NASA planen ein großes Interferometer im All zu platzieren. Die Mission LISA soll 2034 starten. Die einzelnen Spiegel werden auf Satelliten platziert, sodass eine Armlänge des Inferrometers von 6×10^6 km erreicht werden soll [RIL 13].

Auf dem ersten Nachweis von Gravitationswellen aufbauend kann in der Folge eine neue Form der Astronomie entstehen. Bisher stammen die meisten unserer Erkenntnisse über das Universum aus Beobachtungen durch elektromagnetische Strahlung [THO 88]. Nun können die Erkenntnisse von Daten der Gravitationswellendetektoren erweitert werden. Elekromagnetische Strahlung wird von Materie absorbiert. Gravitationswellen durchlaufen andere Himmelskörper aber ungestört, sodass es ermöglicht wird hinter die Materie, die uns bisher die Sicht verstellt hatte, zu schauen. Bis die Gravitationswellen-astronomie wirklich Anwendung findet ist es natürlich noch ein langer Weg, aber es werden viele Erkenntnisse über das Universum davon erwartet. Forscher erhoffen sich beispielsweise Erkenntnisse über schwarze Löcher. Mit elektromagnetischer Strahlung können sie nicht genau untersucht werden, da sie per Definition kein Licht abstrahlen. Sie können jedoch Gravitationswellen abstrahlen, die dann detektiert werden könnten [THO 88].

Im Rahmen dieser Arbeit konnten Schwarze Löcher wegen des begrenzten Umfangs der Arbeit nicht ausführlich diskutiert werden. Auch andere sehr interessante Anwendungen in der Kosmologie überstiegen den Rahmen einer Einführung in die Allgemeine Relativitätstheorie. Beispielsweise sind hier das kosmologische Prinzip[1] und die verschiedenen kosmologischen Modelle des Universums[2] zu nennen.

Auch wurden in der Betrachtung der Allgemeinen Relativitätstheo-

---

[1] Das kosmologische Prinzip nimmt an, dass der Raum homogen und isotrop ist. Somit ist kein Punkt und auch keine Richtung ausgezeichnet [BMW 15, Kap. 24].

[2] Das Standardmodell der Kosmologie sowie alternative Modelle werden ausführlich in [WEI 72, Kap. 15 und 16] diskutiert.

rie einige Aspekte übersprungen. Es ist beispielsweise keine Diskussion des Paralleltransportes[3] oder des sogenannten Cauchy-Problems, welches eine vertiefende Einsicht in die Struktur der Feldgleichungen schafft [STR 81], ausgeführt. Es sei dazu erneut auf die Standardwerke von Misner, Thorne und Wheeler [MTW 73] und Weinberg [WEI 72] verwiesen.

Der Nachweis von Gravitationswellen hat wieder einmal gezeigt, dass mit Einsteins Allgemeiner Relativitätstheorie eine hundert Jahre alte Theorie aktueller Forschungsinhalt ist. Mit der Weiterentwicklung der Gravitationswellenastronomie steht die Physik womöglich am Startpunkt einer ganz neuen Astronomie voller neuer Erkenntnisse über unser Universum.

---

[3] Der Paralleltransport stellt die geometrische Interpretation des Zusatzterms in der kovarianten Ableitung dar. Eine Diskussion findet sich beispielsweise in [FLI 12a, Kap. 16].

Literaturverzeichnis

[ABB 16] ABBOTT, B. P. et al.: Observation of Gravitational Waves from a Binary Black Hole Merger. Phys. Rev 116(6), S. 1-16, 2016.

[BK 09] BEYVERS, G.; KRUSCH, E.: Kleines 1x1 der Relativitätstheorie. Einsteins Physik mit Mathematik der Mittelstufe. Berlin, Heidelberg, New York: Springer-Verlag, 2009.

[BIR 23] BIRKHOFF, G. D.: Relativity and modern physics. Cambridge, Massachusetts: Harvard University Press, 1927.

[BMW 15] BOBLEST, S.; MÜLLER, T.; WUNNER, G.: Spezielle und allgemeine Relativitätstheorie. Grundlagen, Anwendungen in Astrophysik und Kosmologie sowie relativistische Visualisierung. Berlin, Heidelberg, New York: Springer-Verlag, 2015.

[BD 07] BRADASCHIA, C.; DESALVO, R.: A global network listens for ripples in space-time. CERN Courier, S. 17-20, 2007.

[BP 74] BRAGINSKII, V. B.; PANOV, V. L.: Verification of the Equivalence of Inertial and Gravitational Mass. JETP, Vol. 34, No. 3, S. 463, 1972.

[BD 61] BRANS, C.; DICKE, R. H.: Mach's principle and a relativistic theory of gravitation. Phys. Rev 124, S. 925, 1961.

[BRA 63] BRAULT, J. W.: Gravitational redshift of solar lines
Bull. Am. Astron. Soc. 8, S. 28, 1963.

[CAM 16] CAMENZIND, M.: Gravitation und Physik kompakter
Objekte. Eine Einführung in die Welt der Weißen Zwerge,
Neutronensterne und Schwarzen Löcher. Berlin, Heidelberg,
New York: Springer-Verlag, 2016.

[CAR 13] CARROLL, S.: Spacetime and Geometry. An Introduction to General Relativity. New York: Pearson Education,
Limited, 2013.

[DD 15] DALARSSON, M.; DALARSSON, N.: Tensors, Relativity, and Cosmology. Amsterdam, Boston: Academic Press,
2015.

[DDE 20] DAVIDSON, C.; DYSON, F. W.; EDDING-
TON, A. S.: A Determination of the Deflection of Light
by the Sun's Gravitational Field, from Observations Made
at the Total Eclipse of May 29, 1919. Phil. Trans. Roy. Soc.
London, S. 291-333, 1920.

[DIR 75] DIRAC, P. A. M.: General Theory of Relativity. New
York, London, Sydney, Toronto: Wiley, 1975

[EIN 05] EINSTEIN, A.: Zur Elektrodynamik bewegter Körper.
Annalen der Physik 17, S. 891-921, 1905.

[EIN 15] EINSTEIN, A.: Die Feldgleichungen der Gravitation. Sit-
zungsb. Preuss. Akad. Wiss., S. 844-847, 1915.

[EIN 16] EINSTEIN, A.: Die Grundlage allgemeinen Relativitätstheorie. Annalen der Physik 49, S. 770-822, 1916.

[EIN 18] EINSTEIN, A.: Prinzipielles zur allgemeinen Relativitätstheorie. Annalen der Physik 55, S. 241-244, 1918.

[ELL 15] ELLWANGER, U.: Vom Universum zu den Elementarteilchen: Eine erste Einführung in die Kosmologie und die
fundamentalen Wechselwirkungen. Berlin, Heidelberg, New
York: Springer-Verlag, 2015.

[FLI 12a] FLIESSBACH, T.: Allgemeine Relativitätstheorie, Berlin, Heidelberg, New York: Springer-Verlag, 2012.

[FLI 12b] FLIESSBACH, T.: Elektrodynamik: Lehrbuch zur
Theoretischen Physik II. Berlin, Heidelberg, New York:
Springer-Verlag, 2012.

[FLI 14] FLIESSBACH, T.: Mechanik: Lehrbuch zur Theoretischen Physik I. Berlin, Heidelberg, New York: Springer-
Verlag, 2014.

[FN 13] FOSTER, J.; NIGHTINGALE, J: A Short Course in General Relativity. Berlin, Heidelberg: Springer Science &
Business Media, 2013.

[GAL 91] GALILEI, G.: Dialog über die beiden hauptsächlichsten
Weltsysteme. in der Übersetzung von Emil Strauss, Leip-
zig:Teubner Verlag, 1891.

[GOE 96] GÖNNER, H.: Einführung in die spezielle und allgemeine Relativitätstheorie. Heidelberg: Spektrum, Akad. Verlag,
1996.

[HER 91] HERMANN, A.: Weltreich der Physik. Von Galilei bis
Heisenberg. Esslingen: Verlag für Geschichte der Naturwiss.
und der Technik, 1991.

[HEL 06] HOBSON, M. P.; EFSTATHIOUN, G. P.; LASEN-
BY, A. N.: General Relativity: An Introduction for Phy-
sicists. Cambridge: Cambridge University Press, 2006.

[HUG 14] HUGHES, S. A.: Gravitational wave astronomy and cosmology. Physics of the Dark Universe 4, 86, 2014.

[JAC 06] JACKSON, J. D.: Klassische Elektrodynamik. Berlin:
Walter de Gruyter Verlag, 2014.

[JAE 02] JÄNICH, K.: Mathematik 2. Berlin, Heidelberg: Springer, 2002.

[KW 00] KILIAN, U.; WEBER, C. E.: Lexikon der Physik. In
sechs Bänden. Heidelberg: Spektrum Akademischer Verlag,
2000.

[LP 13] LANG, C. B.; PUCKER, N.: Mathematische Methoden in der Physik. Wiesbaden: Springer Berlin Heidelberg,
2013.

[LAN 85] LANGE, L.: Ueber die wissenschaftliche Fassung des
Galilei'schen Beharrungsgesetzes. Philosophische Studien 2:
266-297, 1885

[LEB 95] LEBACH, D. E. et al.: Measurement of the Solar Gravitational Deflection of Radio Waves Using Very-Long-
Baseline Interferometry. Phys. Rev 75, S. 1139-1142, 1995.

[LOV 72] LOVELOCK, D.: The four-dimensionality of space and
the Einstein tensor. J. Math. Phys. 13, S. 874-876, 1972.

[MAG 07] MAGGIORE, M.: Gravitational Waves. Volume 1:
Theory and Experiments. Oxford University Press, 2007.

[MES 15] MESCHEDE, D.: Gerthsen Physik. Berlin, Heidelberg,
New York: Springer-Verlag, 2015.

[MM 81] MICHELSON, A. A.; MORLEY, E. W.: On the relative
motion of the Earth and the luminiferous ether. Am. J. Sc.
34 (203), S. 333–345, 1887.

[MTW 73] MISNER, C. W.; THORNE, K. S.; WHEE-
LER, J. A.: Gravitation. Murray Hill, New Jersey: W. H.
Freeman, 1973.

[MØL 55] MØLLER, C.: The theory of relativity. Oxford: Claren-
don Press, 1955.

[NOL 13a] NOLTING, W.: Grundkurs Theoretische Physik
1. Klassische Mechanik. Berlin, Heidelberg, New York:
Springer-Verlag, 2013.

[NOL 13b] NOLTING, W.: Grundkurs Theoretische Physik 2.
Analytische Mechanik. Berlin, Heidelberg, New York:
Springer-Verlag, 2013.

[NOL 13c] NOLTING, W.: Grundkurs Theoretische Physik 3.
Elektrodynamik. Berlin, Heidelberg, New York: Springer-
Verlag, 2013.

[OLO 13] OLOFF, R.: Geometrie der Raum-Zeit: Eine mathematische Einführung in die Relativitätstheorie. Berlin, Heidelberg, New York: Springer-Verlag, 2013.

[PAI 09] PAIS, A.: Raffiniert ist der Herrgott... : Albert Einstein.
Eine wissenschaftliche Biographie. Nachdruck 2009. Heidelberg: Spektrum Akademischer Verlag, 2009.

[PK 06] PLEBANSKI, J.; KRASINSKI, A.: An Introduction to General Relativity and Cosmology. Cambridge: Cambridge University Press, 2006.

[POP 54] POPPER, D. M.: Red shift in the spectrum of 40 Eridani B. The Astrophysical Journal 120, S.316, 1954

[PR 60] POUND, R. V.; REBKA, G. A.: Apparent weight of photons. Phys. Rev. 4, S. 337-341, 1960.

[REB 12] REBHAN, E.: Theoretische Physik: Relativitätstheorie und Kosmologie. Berlin, Heidelberg, New York: Springer-Verlag, 2012.

[RIL 13] RILES, K.: Gravitational Waves: Sources, Detectors and Searches. Progress in Particle & Nuclear Physics 68, S. 1-54, 2013.

[ROW 09] ROWE, D. E.: A look back at Minkowski´s Cologne Lecture "Raum und Zeit". Mathematical Intelligencer, 2, 2009.

[RYD 09] RYDER, L.: Introduction to General Relativity. Cambridge: Cambridge University Press, 2009.

[SCH 13a] SCHECK, F.: Theoretische Physik 1. Mechanik. Berlin, Heidelberg, New York: Springer-Verlag, 2013.

[SCH 13b] SCHECK, F.: Theoretische Physik 3. Klassische Feldtheorie. Von Elektrodynamik, nicht-Abelschen Eichtheorien und Gravitation. Berlin, Heidelberg, New York: Springer-Verlag, 2013.

[SCH 13c] SCHECK, F.: Theoretische Physik 4. Quantisierte Felder. Von den Symmetrien zur Quantenelektrodynamik. Berlin, Heidelberg, New York: Springer-Verlag, 2013.

[SCHE 15] SCHERER, S.: Symmetrien und Gruppen in der Teilchenphysik. Wiesbaden, Berlin, Heidelberg: Springer Spektrum, 2015.

[SCHE 10] SCHERER, S.: Theoretische Physik für Lehramtskandidaten. Mechanik, Spezielle Relativitätstheorie, Elektrodynamik und Quantenmechanik. Vorlesungsskript, JGU Mainz: 2010.

[SEF 13] SCHNEIDER, P.; EHLERS, J.; FALCO, E. E.: Gravitational Lenses. Berlin, Heidelberg: Springer Science & Business Media, 2013.

[SCHR 11] SCHRÖDER, U. E.: Gravitation: Eine Einführung in die allgemeine Relativitätstheorie. Haan-Gruiten: Europa Lehrmittel Verlag, 2011.

[SCHR 14] SCHRÖDER, U. E.: Spezielle Relativitätstheorie : Mit 35 Aufgaben. Haan-Gruiten: Europa Lehrmittel Verlag, 2014.

[SCHW 16] SCHWARZSCHILD, K.: Über das Gravitationsfeld eines Massenpunktes nach der Einstein'schen Theorie. Sitzungsber. Preuss. Akad. Wiss., S. 189, 1916.

[SNI 72] SNIDER, J. L.: New Measurement of the Solar Gravitational Red Shift. Phys. Rev. Lett. 28, S. 853-856, 1972.

[STR 81] STRAUMANN, N.: Allgemeine Relativitätstheorie und

relativistische Astrophysik. Berlin, Heidelberg, New York: Springer-Verlag, 1981.

[THO 80] THORNE, K. S.: Gravitational-wave research: Current status and future prospects. Rev. Mod. Phys., 52, S. 285-297, 1980.

[THO 88] THORNE, K. S.: Gravitational Radiation. A New Window Onto the Universe. Cambridge: Cambridge University Press, 1988.

[WEB 67] WEBER, J.: Gravitation Radiation. Phys. Rev 18, S. 498, 1967.

[WEI 72] WEINBERG, S.: Gravitation and cosmology: principles and applications of the general theory of relativity. New York: Wiley, S.1-23, 1972.

[WEI 89] WEINBERG, S.: The cosmological constant problem. Rev. Mod. Phys. 61, 1989.

[WIG 39] WIGNER, E. P.: On unitary representations of inhomogeneous Lorentz group. Annals of Mathematics 40, S. 149-204, 1939.

[WIL 13] WILL, C. M.: ...und Einstein hatte doch recht. Berlin, Heidelberg, New York: Springer-Verlag, 2013.

[WIL 15] WILLIAMS, D. R.: Mercury Fact Sheet. 2016. Abgerufen am 03.03.2016 von http://nssdc.gsfc.nasa.gov/planetary/factsheet/mercuryfact.html

[WIL 16] WILLIAMS, D. R.: Sun Fact Sheet. 2016. Abgerufen am 03.03.2016 von http://nssdc.gsfc.nasa.gov/planetary/factsheet/sunfact.html

[WTB 04] WILLIAMS, J. G.; TURYSHEV, S. G.; BOGGS, D. H.: Progress in Lunar Laser Ranging Tests of Relativistic Gravity. Phys. Rev. 93, S. 261101-1-4, 2004.

[ZEE 13] ZEE, A.: Einstein Gravity in a Nutshell. Princeton: Princeton University Press, 2013.

[ZEI 12] ZEIDLER, E. (HRSG): Taschenbuch der Mathematik. Berlin, Heidelberg, New York: Springer-Verlag, 2012.

B Anhang

B.1 Verwendete Daten und Konstanten

Die verwendeten Daten und Konstanten stammen aus [FLI 12a], [RYD 09], [WIL 15] und [WIL 16].

Konstanten	
Gravitationskonstante G	6.67×10^{-11} N m^2 kg^{-1}
Lichtgeschwindigkeit c	3.00×10^8 m s^{-1}
Radien r	
Sonne	6.96×10^8 m
Erde	6.37×10^6 m
Abstand Sonne-Erde	1.5×10^{11} m
Massen M	
Sonne	1.988×10^{30} kg
Erde	5.972×10^{24} kg
Merkur	3.301×10^{23} kg
Schwarzschild-Radien r_S	
Sonne	2.96×10^3 m
Erde	9×10^{-3} m

System ι Boo	
Abstand zur Erde	12 pc
Umlaufzeit	0.268 d
Massen	1.35 M_S und 0.68 M_S

B.2 Ausführliche Berechnungen

B.2.1 Wichtige Taylor-Reihen für Näherungen

Wir bestimmen die in der Arbeit benötigten Taylor-Reihen nach [LP 13, Kap. 1.3] an der Stelle $x_0 = 0$ mit

$$f(x) = \sum_{n=0}^{\infty} \frac{x^n f^{(n)}(0)}{n!}. \tag{B.1}$$

Dabei bezeichnet (n) die n-te Ableitung. Da wir die Taylor-Reihen zur Approximationen verwenden, interessieren nur die führenden Ordnungen. In der Arbeit sind die folgenden Taylor-Reihen verwendet:

$$\sin x = x - \frac{x^3}{6} + \frac{x^5}{120} + \mathcal{O}(x^7),$$

$$x \sin x = x^2 - \frac{x^4}{6} + \frac{x^6}{120} \mathcal{O}(x^8),$$

$$\cos x = 1 - \frac{x^2}{2} + \frac{x^4}{24} + \mathcal{O}(x^6),$$

$$\exp x = 1 + x + \frac{x^2}{2} + \mathcal{O}(x^3),$$

$$\frac{1}{1-x} = 1 + x + x^2 + \mathcal{O}(x^3),$$

$$\sqrt{1+x} = 1 + \frac{1}{2}x - \frac{1}{8}x^2 + \mathcal{O}(x^3).$$

B.2.2 Bestimmung von $\triangle r^{-1}$

Um die Poisson-Gleichung zu lösen, benötigen wir zunächst:

$$\triangle \frac{1}{r} = -4\pi\delta(\mathbf{x}).$$

Der folgende Beweis ist dem Skript [SCHE 10, Kap. 5.2.7] entnommen:

- Betrachte zunächst den Fall $r \neq 0$

$$\triangle \frac{1}{r} = \nabla \cdot \nabla \frac{1}{r} = -\nabla \cdot \left(\frac{\mathbf{x}}{r^3}\right)$$

$$= -\left(-\frac{3}{r^4}\hat{e}_r \cdot \mathbf{x} + \frac{1}{r^3}\nabla \cdot \mathbf{x}\right)$$

$$= -\left(-\frac{3}{r^4}r + \frac{1}{r^3}3\right) = 0.$$

- Sei nun $r = 0$

  Wir betrachten das Volumenintegral über eine Kugel V mit Oberfläche O und wenden dann den Gauß'schen Satz an:

$$\int_V d^3x \triangle \frac{1}{r} = -\int_V d^3x \nabla \cdot \left(\frac{\mathbf{x}}{r^3}\right)$$

$$= -\oint_O \left(\frac{\mathbf{x}}{r^3}\right) \cdot \hat{n}\, da = -\oint_O \left(\frac{\mathbf{x}}{r^3}\right) \cdot \hat{e}_r r^2 d\Omega$$

$$= -4\pi.$$

Betrachten wir nun das Ergebnis im Grenzfall:

$$\lim_{V \to 0} \triangle \frac{1}{r} = -\nabla \cdot \left(\frac{\mathbf{x}}{r^3}\right) = -4\pi\delta(\mathbf{x}).$$

Verallgemeinern wir diese Argumentation, so erhalten wir:

$$\triangle \frac{1}{|\mathbf{x} - \mathbf{x}'|} = -4\pi\delta(\mathbf{x} - \mathbf{x}').$$ (B.2)

B.2.3 Minkowski-Tensor

$$
\begin{aligned}
ds^2 &= c^2\,dt^2 - (dx^2 + dy^2 + dz^2) \\
&= c^2\,dt^2 - \left(\frac{\partial x}{\partial r}dr + \frac{\partial x}{\partial \Phi}d\Phi + \frac{\partial x}{\partial \Theta}d\Theta\right)^2 \\
&\quad - \left(\frac{\partial y}{\partial r}dr + \frac{\partial y}{\partial \Phi}d\Phi + \frac{\partial y}{\partial \Theta}d\Theta\right)^2 \\
&\quad - \left(\frac{\partial y}{\partial r}dr + \frac{\partial y}{\partial \Phi}d\Phi + \frac{\partial y}{\partial \Theta}d\Theta\right)^2 \\
&= c^2\,dt^2 - (\sin\Theta\cos\Phi dr + r\cos\Theta\cos\Phi d\Theta - r\sin\Theta\sin\Phi d\Phi)^2 \\
&\quad - (\sin\Theta\sin\Phi dr + r\sin\Theta\cos\Phi d\Theta - r\sin\Theta\cos\Phi d\Phi)^2 \\
&\quad - (\cos\Theta dr - r\sin\Theta d\Theta)^2
\end{aligned}
$$

Sämtliche in dr, $d\Theta$ und $d\Phi$ gemischt auftretende Terme heben sich durch die Differenz der drei Klammern auf, so dass nur die rein quadratischen Terme übrigbleiben.

$$
\begin{aligned}
ds^2 &= c^2\,dt^2 - \sin^2\Theta\cos^2\Phi dr^2 - r^2\cos^2\Theta\cos^2\Phi d^2\Theta \\
&\quad - r^2\sin^2\Theta\sin^2\Phi d\Phi^2 \\
&\quad - \sin^2\Theta\sin^2\Phi dr^2 - r^2\sin^2\Theta\cos^2\Phi d\Theta^2 \\
&\quad - r^2\sin^2\Theta\cos^2\Phi d\Phi^2 - \cos^2\Theta dr^2 \\
&\quad - r^2\sin^2\Theta d\Theta^2 \\
&= c^2\,dt^2 - \left\{\left(\sin^2\Theta[\cos^2\Phi + \sin^2\Phi] + \cos^2\Theta\right)dr^2 \right. \\
&\quad + \left(r^2[\cos^2\Theta + \sin^2\Theta]\cos^2\Phi + r^2\sin^2\Theta\right)d^2\Theta + \\
&\quad \left. \left(r^2\sin^2\Theta[\sin^2\Phi + \cos^2\Phi]d\Phi^2\right)\right\} \\
&= \begin{pmatrix} cdt & dr & d\Theta & d\Phi \end{pmatrix}
\begin{pmatrix}
1 & 0 & 0 & 0 \\
0 & -1 & 0 & 0 \\
0 & 0 & -r^2 & 0 \\
0 & 0 & 0 & -r^2\sin^2\Theta
\end{pmatrix}
\begin{pmatrix} cdt \\ dr \\ d\Theta \\ d\Phi \end{pmatrix}.
\end{aligned}
$$

Also ist der Minkowski-Tensor in Kugelkoordinaten:

$$
\eta_{\alpha\beta} =
\begin{pmatrix}
1 & 0 & 0 & 0 \\
0 & -1 & 0 & 0 \\
0 & 0 & -r^2 & 0 \\
0 & 0 & 0 & -r^2\sin^2\Theta
\end{pmatrix}.
$$

B.2.4 Energie-Impuls-Tensor für Photonen

Beim ersten Versuch der Verallgemeinerung der Newton'schen Gravitationstheorie haben wir die Gleichung

$$\Box\Phi = \frac{1}{c^2}\frac{\partial^2}{\partial t^2}\Phi - \triangle\Phi = -4\pi G\rho$$

aufgestellt. Wir wollen nun die im Experiment beobachtete Ablenkung von Licht beschreiben. Die Massendichte ρ wird durch den Energie-Impuls-Tensor ersetzt. Für Licht als elektromagnetische Welle benötigen wir den elektromagnetischen Tensor. Da ρ in dieser Theorie ein Skalar ist, ersetzen wir es mit $\frac{1}{c^2}\eta_{\mu\nu}T^{\mu\nu}$:

$$\begin{aligned}
\frac{1}{c^2}\eta_{\mu\nu}T^{\mu\nu} &= \frac{1}{c^2}(T^{00} - T^{11} - T^{22} - T^{33}) \\
&= \frac{1}{2}(E_iE_i + B_iB_i) - E_iE_i - B_iB_i + \frac{1}{2}(E_iE_i + B_iB_i) \\
&= 0.
\end{aligned}$$

Da Photonen keine Ruhemasse besitzen, ist eine andere Kopplung des Gravitationsfeldes nicht möglich. Ein Lichtstrahl wird in dieser Theorie also nicht abgelenkt.

B.2.5 Explizite Bestimmung von $R^\kappa{}_{\lambda\mu\nu}$

Wir bestimmen die zweiten Ableitungen, die in (5.50) benötigt werden, mit den kovarianten Ableitungen (5.42) und (5.44) [REB 12, Kap. 9.5]:

$$V^\kappa{}_{;\mu;\nu} = V^\kappa{}_{;\mu,\nu} + \Gamma^\kappa{}_{\nu\rho}V^\rho{}_{;\mu} - \Gamma^\rho{}_{\mu\nu}V^\kappa{}_{;\rho}$$

$$= (V^\kappa{}_{,\mu} + \Gamma^\kappa{}_{\mu\lambda}V^\lambda)_{,\nu} + \Gamma^\kappa{}_{\nu\rho}(V^\rho{}_{,\mu} + \Gamma^\rho{}_{\mu\lambda}V^\lambda)$$

$$- \Gamma^\rho{}_{\mu\nu}(V^\kappa{}_{,\rho} + \Gamma^\kappa{}_{\rho\lambda}V^\lambda)$$

$$= V^\kappa{}_{,\mu,\nu} + \Gamma^\kappa{}_{\mu\lambda,\nu}V^\lambda + \Gamma^\kappa{}_{\mu\lambda}V^\lambda{}_{,\nu} + \Gamma^\kappa{}_{\nu\rho}V^\rho{}_{,\mu} + \Gamma^\kappa{}_{\nu\rho}\Gamma^\rho{}_{\mu\lambda}V^\lambda$$

$$- \Gamma^\rho{}_{\mu\nu}V^\kappa{}_{,\rho} - \Gamma^\rho{}_{\mu\nu}\Gamma^\kappa{}_{\rho\lambda}V^\lambda.$$

Bei Vertauschung der unteren Indizes folgt mit der analogen Rechnung:

$$V^\kappa{}_{;\mu;\nu} = V^\kappa{}_{,\nu,\mu} + \Gamma^\kappa{}_{\nu\lambda,\mu}V^\lambda + \Gamma^\kappa{}_{\nu\lambda}V^\lambda{}_{,\mu} + \Gamma^\kappa{}_{\mu\rho}V^\rho{}_{,\nu} + \Gamma^\kappa{}_{\mu\rho}\Gamma^\rho{}_{\nu\lambda}V^\lambda$$

$$- \Gamma^\rho{}_{\nu\mu}V^\kappa{}_{,\rho} - \Gamma^\rho{}_{\nu\mu}\Gamma^\kappa{}_{\rho\lambda}V^\lambda.$$

In der Differenz heben sich alle Terme bis auf die zweiten und fünften gegeneinander weg, da sowohl die partiellen Ableitungen vertauschen als auch die Christoffel-Symbole symmetrisch in den unteren Indizes sind. Die Differenz ist also

$$V^\kappa{}_{;\mu;\nu} - V^\kappa{}_{;\mu;\nu} = \Gamma^\kappa{}_{\mu\lambda,\nu}V^\lambda + \Gamma^\kappa{}_{\nu\rho}\Gamma^\rho{}_{\mu\lambda}V^\lambda - \Gamma^\kappa{}_{\nu\lambda,\mu}V^\lambda$$

$$- \Gamma^\kappa{}_{\mu\rho}\Gamma^\rho{}_{\nu\lambda}V^\lambda$$

$$= (\Gamma^\kappa{}_{\mu\lambda,\nu} + \Gamma^\kappa{}_{\nu\rho}\Gamma^\rho{}_{\mu\lambda} - \Gamma^\kappa{}_{\nu\lambda,\mu} - \Gamma^\kappa{}_{\mu\rho}\Gamma^\rho{}_{\nu\lambda})V^\lambda$$

$$= R^\kappa{}_{\lambda\mu\nu}V^\lambda.$$

Damit haben wir die gesuchte Darstellung des Krümmungstensors
erhalten.

B.2.6 Krümmungstensor in Abhängigkeit der zweiten Ableitungen des metrischen Tensors

Wir wollen den Krümmungstensor mit vier unteren Indizes bestimmen. Diese Rechnung ist an [REB 12, Kap. 9.5.3] orientiert. Dabei
gehen wir von $R^\sigma{}_{\lambda\mu\nu}$ in (5.51) aus und ziehen den ersten Index mit
$g_{\kappa\sigma}$ nach unten. Wir betrachten die einzelnen Terme aus (5.51) separat.

$$
\begin{aligned}
g_{\kappa\sigma}\Gamma^\sigma{}_{\lambda\mu,\nu} &= (g_{\kappa\sigma}\Gamma^\sigma{}_{\lambda\mu})_{,\nu} - \Gamma^\sigma{}_{\lambda\mu}g_{\kappa\sigma,\nu} \\
&\overset{(5.36)}{=} \frac{1}{2}[(g_{\kappa\sigma}g^{\sigma\rho}(g_{\rho\lambda,\mu} + g_{\rho\mu,\lambda} - g_{\lambda\mu,\rho}))]_{,\nu} - \Gamma^\sigma{}_{\lambda\mu}g_{\kappa\sigma,\nu} \\
&\overset{(5.49)}{=} \frac{1}{2}[(g_{\kappa\sigma}g^{\sigma\rho}(g_{\rho\lambda,\mu} + g_{\rho\mu,\lambda} - g_{\lambda\mu,\rho}))]_{,\nu} \\
&\quad - \Gamma^\sigma{}_{\lambda\mu}(\Gamma^\rho{}_{\kappa\nu}g_{\rho\sigma} + \Gamma^\rho{}_{\sigma\nu}g_{\rho\kappa}) \\
&= \frac{1}{2}\delta^\rho_\kappa(g_{\rho\lambda,\mu,\nu} + g_{\rho\mu,\lambda,\nu} - g_{\lambda\mu,\rho,\nu}) \\
&\quad - g_{\rho\sigma}\Gamma^\rho{}_{\kappa\nu}\Gamma^\sigma{}_{\lambda\mu} - g_{\rho\kappa}\Gamma^\rho{}_{\sigma\nu}\Gamma^\sigma{}_{\lambda\mu} \\
&= \frac{1}{2}(g_{\kappa\lambda,\mu,\nu} + g_{\kappa\mu,\lambda,\nu} - g_{\lambda\mu,\kappa,\nu}) - g_{\rho\sigma}\Gamma^\rho{}_{\kappa\nu}\Gamma^\sigma{}_{\lambda\mu} \\
&\quad - g_{\rho\kappa}\Gamma^\rho{}_{\sigma\nu}\Gamma^\sigma{}_{\lambda\mu}.
\end{aligned}
$$

Verändern wir für den zweiten Summanden nur die unteren Indizes
im Christoffelsymbol, so ist die Rechnung analog und wir erhalten:

$$
g_{\kappa\sigma}\Gamma^\sigma{}_{\lambda\nu,\mu} = \frac{1}{2}(g_{\kappa\lambda,\nu,\mu} + g_{\kappa\nu,\lambda,\mu} - g_{\lambda\nu,\kappa,\mu}) - g_{\rho\sigma}\Gamma^\rho{}_{\kappa\mu}\Gamma^\sigma{}_{\lambda\nu} - g_{\rho\kappa}\Gamma^\rho{}_{\sigma\mu}\Gamma^\sigma{}_{\lambda\nu}.
$$

Jetzt setzen wir in $g_{\kappa\sigma} R^{\sigma}{}_{\lambda\mu\nu}$ ein. Dann ergibt sich:

$$R_{\kappa\lambda\mu\nu} = g_{\kappa\sigma} R^{\sigma}{}_{\lambda\mu\nu} = g_{\kappa\sigma}(\Gamma^{\rho}{}_{\mu\lambda,\nu} + \Gamma^{\rho}{}_{\lambda\mu}\Gamma^{\sigma}{}_{\rho\nu} - \Gamma^{\rho}{}_{\nu\lambda,\mu} - \Gamma^{\rho}{}_{\lambda\nu}\Gamma^{\sigma}{}_{\rho\mu})$$

$$= g_{\kappa\sigma}\Gamma^{\rho}{}_{\mu\lambda,\nu} + g_{\kappa\sigma}\Gamma^{\rho}{}_{\lambda\mu}\Gamma^{\sigma}{}_{\rho\nu}$$

$$- g_{\kappa\sigma}\Gamma^{\rho}{}_{\nu\lambda,\mu} - g_{\kappa\sigma}\Gamma^{\rho}{}_{\lambda\nu}\Gamma^{\sigma}{}_{\rho\mu}$$

$$= \frac{1}{2}(g_{\kappa\lambda,\mu,\nu} + g_{\kappa\mu,\lambda,\nu} - g_{\lambda\mu,\kappa,\nu})$$

$$- g_{\rho\sigma}\Gamma^{\rho}{}_{\kappa\nu}\Gamma^{\sigma}{}_{\lambda\mu} - g_{\rho\kappa}\Gamma^{\rho}{}_{\sigma\nu}\Gamma^{\sigma}{}_{\lambda\mu}$$

$$- \frac{1}{2}(g_{\kappa\lambda,\nu,\mu} + g_{\kappa\nu,\lambda,\mu} - g_{\lambda\nu,\kappa,\mu})$$

$$+ g_{\rho\sigma}\Gamma^{\rho}{}_{\kappa\mu}\Gamma^{\sigma}{}_{\lambda\nu} + g_{\rho\kappa}\Gamma^{\rho}{}_{\sigma\mu}\Gamma^{\sigma}{}_{\lambda\nu}$$

$$+ g_{\kappa\sigma}\Gamma^{\rho}{}_{\lambda\mu}\Gamma^{\sigma}{}_{\rho\nu} - g_{\kappa\sigma}\Gamma^{\rho}{}_{\lambda\nu}\Gamma^{\sigma}{}_{\rho\mu}$$

$$= \frac{1}{2}(g_{\kappa\lambda,\mu,\nu} + g_{\kappa\mu,\lambda,\nu} - g_{\lambda\mu,\kappa,\nu}$$

$$- g_{\kappa\lambda,\nu,\mu} - g_{\kappa\nu,\lambda,\mu} + g_{\lambda\nu,\kappa,\mu})$$

$$- g_{\rho\sigma}\Gamma^{\rho}{}_{\kappa\nu}\Gamma^{\sigma}{}_{\lambda\mu} - g_{\rho\kappa}\Gamma^{\rho}{}_{\sigma\nu}\Gamma^{\sigma}{}_{\lambda\mu}$$

$$+ g_{\rho\sigma}\Gamma^{\rho}{}_{\kappa\mu}\Gamma^{\sigma}{}_{\lambda\nu} + g_{\rho\kappa}\Gamma^{\rho}{}_{\sigma\mu}\Gamma^{\sigma}{}_{\lambda\nu}$$

$$+ g_{\kappa\sigma}\Gamma^{\rho}{}_{\lambda\mu}\Gamma^{\sigma}{}_{\rho\nu} - g_{\kappa\sigma}\Gamma^{\rho}{}_{\lambda\nu}\Gamma^{\sigma}{}_{\rho\mu}.$$

Die stummen Indizes können wir frei benennen. Durch eine geschickte
Wahl erkennen wir welche Terme sich gegenseitig aufheben:

$$R_{\kappa\lambda\mu\nu} = \frac{1}{2}(g_{\kappa\lambda,\mu,\nu} + g_{\kappa\mu,\lambda,\nu} - g_{\lambda\mu,\kappa,\nu} - g_{\kappa\lambda,\nu,\mu} - g_{\kappa\nu,\lambda,\mu} + g_{\lambda\nu,\kappa,\mu})$$
$$- g_{\rho\sigma}\Gamma^\rho{}_{\kappa\nu}\Gamma^\sigma{}_{\lambda\mu} - g_{\kappa\sigma}\Gamma^\rho{}_{\lambda\mu}\Gamma^\sigma{}_{\rho\nu} + g_{\rho\sigma}\Gamma^\rho{}_{\kappa\mu}\Gamma^\sigma{}_{\lambda\nu}$$
$$+ g_{\kappa\sigma}\Gamma^\rho{}_{\lambda\nu}\Gamma^\sigma{}_{\rho\mu} + g_{\kappa\sigma}\Gamma^\rho{}_{\lambda\mu}\Gamma^\sigma{}_{\rho\nu} - g_{\kappa\sigma}\Gamma^\rho{}_{\lambda\nu}\Gamma^\sigma{}_{\rho\mu}$$
$$= \frac{1}{2}(g_{\kappa\mu,\lambda,\nu} - g_{\lambda\mu,\kappa,\nu} - g_{\kappa\nu,\lambda,\mu} + g_{\lambda\nu,\kappa,\mu})$$
$$- g_{\rho\sigma}\Gamma^\rho{}_{\kappa\nu}\Gamma^\sigma{}_{\lambda\mu} + g_{\rho\sigma}\Gamma^\rho{}_{\kappa\mu}\Gamma^\sigma{}_{\lambda\nu}$$
$$= \frac{1}{2}(g_{\kappa\mu,\lambda,\nu} + g_{\lambda\nu,\kappa,\mu} - g_{\lambda\mu,\kappa,\nu} - g_{\kappa\nu,\lambda,\mu})$$
$$+ g_{\rho\sigma}(\Gamma^\rho{}_{\kappa\nu}\Gamma^\sigma{}_{\lambda\mu} - \Gamma^\rho{}_{\kappa\mu}\Gamma^\sigma{}_{\lambda\nu}).$$

B.2.7 Beweis der Bianchi-Identität

Der folgende Beweis ist auch in [DIR 75, Kap. 13] zu finden.

Wir untersuchen die zweite kovariante Ableitung eines Tensors zweiter Stufe. Den Tensor zweiter Stufe fassen wir als Produkt zweier
Vektoren A_μ und B_τ auf:

$$(A_\mu B_\tau)_{;\rho;\sigma} = (A_{\mu;\rho}B_\tau + A_\mu B_{\tau;\rho})_{;\sigma}$$
$$= A_{\mu;\rho;\sigma}B_\tau + A_{\mu;\rho}B_{\tau;\sigma} + A_{\mu;\sigma}B_{\tau;\rho} + A_\mu B_{\tau;\rho;\sigma}.$$

Wir betrachten zunächst folgende Differenz, in der wir mit (5.50) den Krümmungstensor einfügen :

$$(A_\mu B_\tau)_{;\rho;\sigma} - (A_\mu B_\tau)_{;\sigma;\rho}$$
$$= A_{\mu;\rho;\sigma} B_\tau + A_{\mu;\rho} B_{\tau;\sigma} + A_{\mu;\sigma} B_{\tau;\rho} + A_\mu B_{\tau;\rho;\sigma}$$
$$- A_{\mu;\sigma;\rho} B_\tau - A_{\mu;\sigma} B_{\tau;\rho} - A_{\mu;\rho} B_{\tau;\sigma} - A_\mu B_{\tau;\sigma;\rho}$$
$$= A_{\mu;\rho;\sigma} B_\tau + A_\mu B_{\tau;\rho;\sigma} - A_{\mu;\sigma;\rho} B_\tau - A_\mu B_{\tau;\sigma;\rho}$$
$$= A_{\mu;\rho;\sigma} B_\tau - A_{\mu;\sigma;\rho} B_\tau - (A_\mu B_{\tau;\sigma;\rho} - A_\mu B_{\tau;\rho;\sigma})$$
$$= (A_{\mu;\rho;\sigma} - A_{\mu;\sigma;\rho}) B_\tau - A_\mu (B_{\tau;\sigma;\rho} - B_{\tau;\rho;\sigma})$$
$$= A_\alpha R^\alpha{}_{\mu\rho\sigma} B_\tau + A_\mu R^\alpha{}_{\tau\rho\sigma} B_\alpha.$$

Weiter fassen wir einen allgemeinen Tensor $T_{\mu\tau}$ als kovariante Ableitung eines Vektors $(A_{\mu;\tau})$ auf und erhalten:

$$A_{\mu;\tau;\rho;\sigma} - A_{\mu;\tau;\sigma;\rho} = A_{\alpha;\tau} R^\alpha{}_{\mu\rho\sigma} + A_{\mu;\alpha} R^\alpha{}_{\tau\rho\sigma}.$$

Nun betrachten wir die Summe aller zyklischen Permutationen von τ, ρ, σ dieser Gleichung. Die linke Seite der Gleichung ist dann:

$$A_{\mu;\tau;\rho;\sigma} - A_{\mu;\tau;\sigma;\rho} + A_{\mu;\sigma;\tau;\rho} - A_{\mu;\sigma;\rho;\tau} + A_{\mu;\rho;\sigma;\tau} - A_{\mu;\rho;\tau;\sigma}$$
$$= (A_\alpha R^\alpha{}_{\mu\rho\sigma})_{;\tau} + (A_\alpha R^\alpha{}_{\mu\tau\rho})_{;\sigma} + (A_\alpha R^\alpha{}_{\mu\sigma\tau})_{;\rho}$$
$$= A_{\alpha;\tau} R^\alpha{}_{\mu\rho\sigma} + A_\alpha R^\alpha{}_{\mu\rho\sigma;\tau} + A_{\alpha;\sigma} R^\alpha{}_{\mu\tau\rho}$$
$$+ A_\alpha R^\alpha{}_{\mu\tau\rho;\sigma} + A_{\alpha;\rho} R^\alpha{}_{\mu\sigma} + A_\alpha R^\alpha{}_{\mu\sigma;\rho}.$$

Die rechte Seite ist gleich:

$$A_{\alpha;\tau} R^\alpha{}_{\mu\rho\sigma} + A_{\alpha;\sigma} R^\alpha{}_{\mu\tau\rho} + A_{\alpha;\rho} R^\alpha{}_{\mu\sigma\tau}.$$

Wir können also die komplette rechte Seite von der linken Seite der
Gleichung subtrahieren und erhalten:

$$A_\alpha R^\alpha{}_{\mu\rho\sigma;\tau} + A_\alpha R^\alpha{}_{\mu\tau\rho;\sigma} + A_\alpha R^\alpha{}_{\mu\sigma\tau;\rho} = 0.$$

In jedem Summanden tritt der Faktor A_α. Da A_α beliebig gewählt
werden kann, ist die obige Gleichung nur erfüllt , wenn die wichtige
Bianchi-Identität gilt:

$$R^\alpha{}_{\mu\rho\sigma;\tau} + R^\alpha{}_{\mu\tau\rho;\sigma} + R^\alpha{}_{\mu\sigma\tau;\rho} = 0.$$

B.2.8 Gleichungssystem zur Bestimmung ebener Gravitationswellen

Gegeben seien die folgenden Gleichungen:

$$
\begin{aligned}
(I) & \quad e_{00} + e_{30} = \quad (e_{00} - e_{11} - e_{22} - e_{33})/2, \\
(II) & \quad e_{01} + e_{31} = 0, \\
(III) & \quad e_{02} + e_{32} = 0, \\
(IV) & \quad e_{03} + e_{33} = -(e_{00} - e_{11} - e_{22} - e_{33})/2.
\end{aligned}
$$

Aus den Gleichungen (II) und (III) erhalten wir direkt zwei Abhängigkeiten:

$$e_{01} = -e_{31}, \quad e_{02} = -e_{32}.$$

Wir addieren (I) und (IV) und bemerken, dass wegen der Symmetrie
$e_{03} = e_{30}$ gilt. Dann folgt:

$$2e_{30} + e_{00} + e_{33} = \frac{e_{00} - e_{11} - e_{22} - e_{33} - e_{00} + e_{11} + e_{22} + e_{33}}{2}$$

$$\Rightarrow e_{30} = -\frac{e_{00} + e_{33}}{2}.$$

Die letzte Abhängigkeit erhalten wir, wenn wir e_{30} nun wieder in (I) einsetzen:

$$e_{00} - \frac{e_{00} + e_{33}}{2} = \frac{(e_{00} - e_{11} - e_{22} - e_{33})}{2} \Rightarrow e_{11} - e_{22} = 0.$$

Printed in the United States
By Bookmasters